“十四五”国家重点出版物出版规划项目
现代土木工程精品系列图书

木质基金字塔型点阵夹芯结构与性能优化研究

杨冬霞　著

哈爾濱工業大學出版社

内容简介

为了获得一种轻量化、高强度、大设计空间的木质夹层结构，以满足现代木结构建筑的需要，本书研究了一种装配式二维木质金字塔点阵夹芯结构的力学性能。本书首先研究了木质金字塔型点阵夹芯结构胞元的平压力学性能。建立了木质基金字塔型点阵夹芯结构的力学模型，计算分析了平压状态下的载荷与芯子形变位移间的关系。设计并制作了面板厚度相同、芯子直径不同的3种胞元结构，利用ANSYS有限元软件仿真并测试了3种胞元结构的平压力学性能。其次，依据胞元承载能力和变形程度，进行胞元结构的优选。依据优选的胞元结构，设计和制作不同类型的试件进行平压测试。最后，采用榫卯拼接法制备预制的2D木质金字塔点阵夹芯结构具有良好的力学性能。木质金字塔型夹芯结构材料优于其组成材料的力学性能。为了优化点阵夹芯结构的加工、装配过程设计了互锁结构。互锁结构增大了芯层与面板的接触面积，使试件的承载能力更高，结构的整体性能更好。研究结果表明，木质基金字塔型点阵夹芯结构的压缩强度、比强度及比吸能都高于自然纤维材料。该研究为木质复合材料在大跨度坡面屋等木结构建筑工程中的应用奠定了理论和实验基础，具有良好的应用价值。

本书可供各大院校木材科学与技术相关专业的大学生及研究生阅读，亦可作为木材科学与技术相关专业的工程技术人员的参考书，也可供材料、建筑、化学等领域的研究人员和工程技术人员阅读参考。

图书在版编目(CIP)数据

木质基金字塔型点阵夹芯结构与性能优化研究/杨冬霞著.—哈尔滨:哈尔滨工业大学出版社，2024.3

ISBN 978－7－5767－1336－7

Ⅰ.①木…　Ⅱ.①杨…　Ⅲ.①木结构－建筑设计　Ⅳ.①TU366.2

中国国家版本馆CIP数据核字(2024)第073753号

策划编辑　杨秀华
责任编辑　杨秀华
封面设计　刘　乐
出版发行　哈尔滨工业大学出版社
社　　址　哈尔滨市南岗区复华四道街10号　邮编150006
传　　真　0451－86414749
网　　址　http://hitpress.hit.edu.cn
印　　刷　哈尔滨市颉升高印刷有限公司
开　　本　787mm×1092mm　1/16　印张7.75　字数187千字
版　　次　2024年3月第1版　2024年3月第1次印刷
书　　号　ISBN978－7－5767－1336－7
定　　价　58.00元

前　言

夹芯结构最早成功应用是在1856年，即由英国人希利和艾伦发明的瓦楞纸板，这种结构在两层面纸之间加入波纹形纸芯，形成了具有较大刚度的夹芯结构。这种结构不仅具备一定的强度和刚度，还具有轻质、吸能的优点，因此，被广泛应用于包装材料。随着夹芯结构的发现和应用，其优点逐渐被人们所认识。现今在交通运输、航天航空、建筑等多个领域都得到了广泛的应用。其由于先进的机械性能和重量效率，在近期的工程研究中成为热点。金字塔型夹芯结构源于自然界蜂窝结构的发现，六角形蜂窝及相衍生相关的拓扑结构都在工程实践中得到了应用。由于其质量轻、绝缘性好，在实际应用中具有突出的能量吸收特性，成为冲击或能量吸收装置的理想结构。

本书主要针对金字塔型夹芯结构在木质基工程材料领域的结构优化和功能设计进行探索。依据木质基材料特点，对常用木质基工程材料进行多胞固体夹芯结构设计，应用仿真软件对已设计的结构进行优化及对结构的芯层进行功能型设计。为木质基工程材料在建筑领域，形成装配式建筑智能单元的结构与功能一体化提供可靠的理论模型和科学判据。本书主要完成的内容有：

(1)依据前期研究的点阵结构物理力学性能评价，探索木质基胞元结构的破坏形式与破坏失效机理，结合木质基材料自身特点修正本构模型，优化木质基金字塔型点阵夹芯结构。

(2)依据木质基金字塔型点阵夹芯结构试验测试结果和力学性能分析，提出了加工精度更高、承载能力更强的木质基格栅点阵夹芯结构。依据实验测试的力学性能绘制结构材料的密度—强度图，评价结构失效模式与组成材料之间的关系。

(3)探索研究厚度梯度结构材料的性能。应用3D打印技术制备不同厚度梯度的六角形蜂窝结构、四边形蜂窝结构及内凹六角形蜂窝结构，测试相同孔隙率不同泊松比的结构材料的力学性，为今后将木质纤维填加于增材制造材料中提供了理论与实验依据。

这些研究为生物基夹芯结构材料设计、制造及功能性一体的结构材料产品提供了性能依据。

本书是在黑龙江省博士后科研启动金项目（LBH－Q21105)和哈尔滨市科技计划自筹经费项目(ZC2022ZJ017005)共同资助下完成的。本书涉及多学科交叉，尤其是在夹芯结构材料、木质基材料和3D打印结构等多个方面都有所涉及。

鉴于作者水平有限，书中不足和疏漏之处在所难免，敬请同行和广大读者批评指正。

作　者

2024年1月

目 录

第 1 章 绪 论 …… 1

1.1 课题来源与研究背景 …… 1

1.2 多孔结构材料研究现状 …… 2

1.3 点阵夹芯结构研究现状 …… 4

1.4 点阵夹芯结构应用现状 …… 8

1.5 点阵夹芯结构生物质材料研究现状 …… 10

1.6 研究目的与意义 …… 11

1.7 主要研究内容 …… 12

第 2 章 木质金字塔型点阵结构胞元的力学行为 …… 14

2.1 胞元结构优选 …… 14

2.2 胞元结构形式 …… 15

2.3 力学试验 …… 24

2.4 小 结 …… 38

第 3 章 装配式木质金字塔型点阵夹芯结构与性能分析 …… 39

3.1 试件结构形式 …… 40

3.2 试 验 …… 40

3.3 理论分析 …… 46

3.4 性能分析 …… 51

3.5 小 结 …… 53

第 4 章 木质金字塔型点阵夹芯结构优化与性能分析 …… 54

4.1 材料和方法 …… 55

4.2 试 验 …… 58

4.3 结果和讨论 …… 60

4.4 性能分析 …… 69

4.5 分析讨论 …… 71

4.6 小 结 …… 71

第 5 章 夹芯元结构的压缩行为分析 …… 72

5.1 弹性各向异性材料力学特性 …… 73

5.2 单轴加载的蜂窝平面内特性 …… 75

5.3 蜂窝结构的等效参数…… 79
5.4 四边形蜂窝夹芯结构的等效参数…… 86
5.5 类方形蜂窝夹芯结构的等效参数…… 87
5.6 六角形蜂窝与类方形蜂窝的关系…… 92
5.7 相同孔隙率下 4 种结构弹性模量分析…… 94
5.8 材料与实验…… 95
5.9 模型分析…… 97
第 6 章 结论与展望…… 109
参考文献…… 110

第1章 绪 论

1.1 课题来源与研究背景

1.1.1 课题来源

本课题来源于黑龙江省博士后科研启动金项目“生物质基多胞固体夹芯结构材料的设计与性能分析”(LBH－Q21105)和哈尔滨市科技计划自筹经费项目“生物质基夹芯结构材料构型功能一体化设计方法研究”(ZC2022ZJ017005)。

1.1.2 研究背景

作为当今世界四大材料之一的木材,与金属或其他建筑材料相比,具有较高的强重比和突出的隔热保温、吸音隔声以及自然美观、质感舒爽等环境协调性能,为人类创造了舒适、优雅的生活环境,提高了人们的生活质量。但木材也有着其本身固有的缺陷,如干缩湿涨、易变形、各向异性,在水、热、光、微生物作用下易于降解、腐朽,易燃烧等,这些缺陷在很大程度上限制了木材在工程结构上的应用。此外,我国优质天然林木资源已被过度采伐,剩余的资源用于水土保护和维持生态平衡的意义远大于利用的意义。在这种情况下,速生丰产人工林木等低品质木材必将成为商用木材的主要来源。所以,今后加工利用的重点是对低质木材、人工速生林和加工剩余物的高技术深度开发及高附加值利用。

夹芯结构是由上下两层高强度、高模量薄面板和中间较厚芯子所组成的轻质结构。夹芯结构最简单的形式是两相对较薄的平行面板,由一个相对较厚的轻质芯层黏合并分隔开。芯部支撑面板以防屈曲,抵抗面外剪切载荷,芯部则须具有较高的抗剪切强度和压缩刚度。轻质芯子的作用是尽可能降低结构的重量,增加两面板的截面惯性矩,从而提高结构的抗弯曲刚度。面板黏接在芯子上,从而实现载荷在芯子和面板之间的传递。夹芯结构的芯子主要承受面外剪切载荷,而面板主要承受面内载荷和弯曲载荷。

随着科学技术的发展,夹芯结构的形式也不断增多,新形式层出不穷。2001 年以来,普林斯顿大学 Evens 教授、哈佛大学 Hutchinson 教授、Ashby 教授、MIT 的 Gibson 教授等提出了点阵夹芯结构的概念。类似于现有空间网架结构,它由连接结点和结点间的杆件单元所组成,区别在于点阵夹芯结构的尺寸要小得多。点阵夹芯结构的等效刚度和等效强度与材料的等效密度成近似线性关系,与当前常用的轻质材料相比,具有更高的比强度和比刚度。在相对密度较小时,点阵夹芯结构的面内杨氏模量与面外强度比金属泡沫等轻质材料分别高出两个数量级以上和一个数量级以上。此外,点阵夹芯结构独特的细观周期性三维网架结构也为应用有限元对其进行最优设计提供了可循之路。因此,点阵夹芯结构材料已成为当前国际上认为最有应用前景的新一代先进、轻质、强韧材料。

总的来说，针对现有的木质工程复合材料的结构与性能的不足，从结构与功能一体化设计的思路出发，将点阵夹芯结构应用于木质工程复合材料的设计中，实现既能满足结构承载的要求又能满足多功能化(质轻、减振、降噪、隔音、隔热、电磁屏蔽等)的要求，符合国家发展环境友好、资源节约型材料的要求，具有重要的生态效益、经济效益和社会效益。

1.2 多孔结构材料研究现状

自然进化了许多低密度、高刚度和高强度的蜂窝材料，例如犀鸟鸟喙如图 1.1 所示，鸟翼骨如图 1.2 所示，它们都是由薄而坚固的表皮粘附在多孔的核心结构上。核心结构有复杂形状的韧带和密度梯度。尽管人类已经开发出优于生物基的合成材料，如金属合金材料，人类开发的多孔结构远没有自然的复杂。泡沫结构和蜂窝结构是目前应用较为广泛的多孔结构形式。

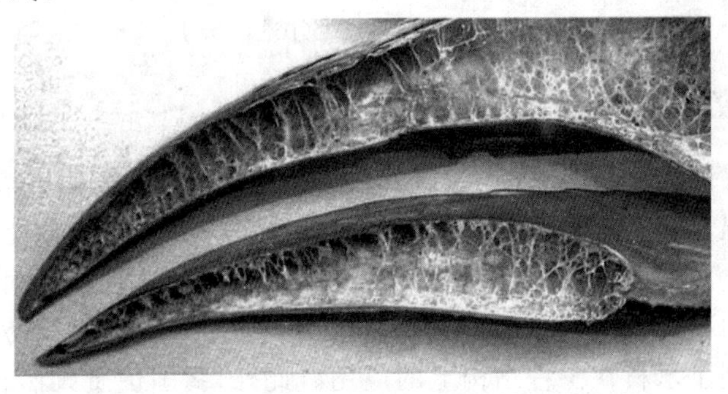

图 1.1 犀鸟鸟喙

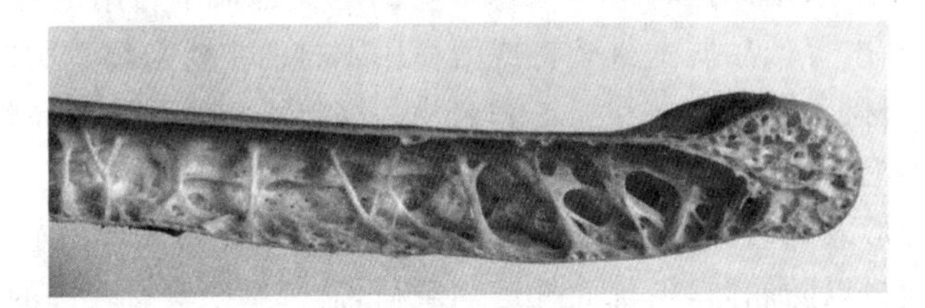

图 1.2 鸟翼骨

人类很早开始对多孔结构材料进行应用，如金字塔和埃菲尔铁塔，这两座建筑有着截然不同的结构。金字塔用普通的大块石材进行工程建造，而埃菲尔铁塔则用结构材料进行建造，它是基于网格结构材料实现大跨度伸展，这也决定了它的强度。这种结构材料通过材料内部长度尺度的层次化排序，从组成材料的微观结构到大规模的结构排序，取得了独特的力学性能。

由于受到天然蜂窝材料的启发，胞元材料受到了研究者们广泛关注。因为在不改变材料性质的基础上可以通过调整胞元结构而使其材料的性能发生改变。早期的研究主要集中在蜂窝胞元结构的设计和制造上，这些结构在航天航空、汽车、生物医学和建筑行业都得到了不同程度的应用。减少材料自身的质量且保持或提高其强度和刚度，对材料的内部结构形式进行设计一直是研究者们研究的热点。人类使用的第一个轮子是用坚硬的石头或木头制成的，中间没有任何的孔隙，与之相比的现代自行车轮结构中有 95%的材料都被空气所取代。现代自行车车轮不仅质量轻且有着较高的强度和刚度，这是因为车轮中的辐条处于张力加载状态，它的性能是以拉伸为主，而不是加载在压缩载荷作用下，如果是压缩载荷作用于车轮则会很容易弯曲和变形。冲浪板和旋翼叶片的核心也都不是实心的，分别由泡沫和蜂窝制成。泡沫和蜂窝状结构材料可以提供高可靠度、耐疲劳、坚固、坚硬和轻便的性能，且具有轻巧的结构可以降低能量消耗，改善机械性能或其他性能，以适应工程中的具体应用需求。图 1.3 所示为用于提高材料机械效率的结构和原理。

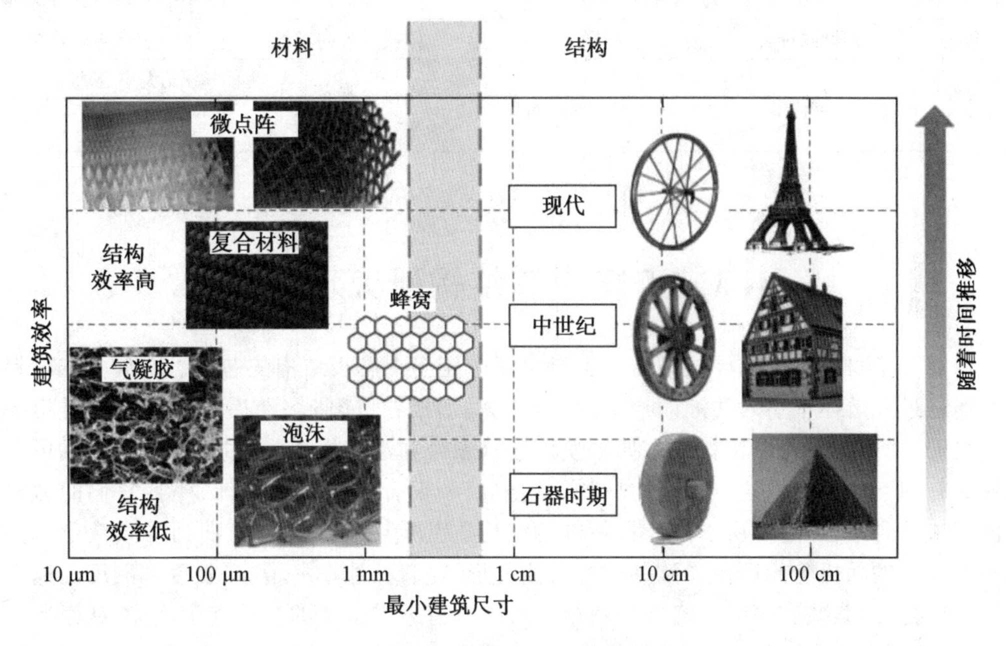

图 1.3　结构设计应用于材料

现代材料与复杂的结构形式相结合可以实现材料更高的结构效率。结构形式为材料设计提供了多种自由度。同时也可以通过材料内部结构形式的优化，改变整个材料的属性，从而最大限度地优化材料性能，实现最高效的结构形式和最轻量的结构。图 1.4 为将结构添加到材料的一般形式。传统上材料的性能是通过改变微观结构和生产工艺来实现的。胞元材料的性质不仅取决于固体成分，还取决于孔隙和固体的空间结构。现在改变胞元的结构形式，通过材料中孔隙和实体部分的比例也是获得理想材料性能的途径。通过对胞元材料内部的局部进行结构改变，即通过根据材料特性的要求进行材料结构特定位置调整满足预先设计要求。

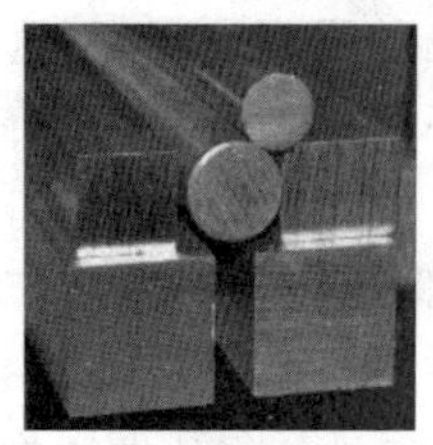	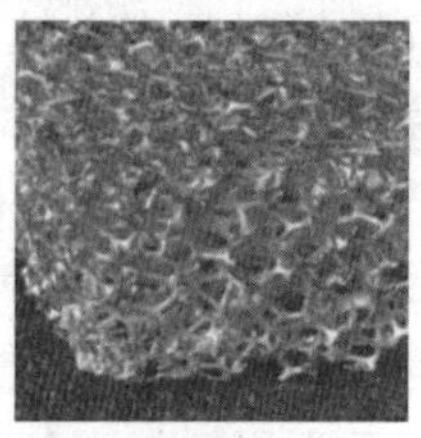	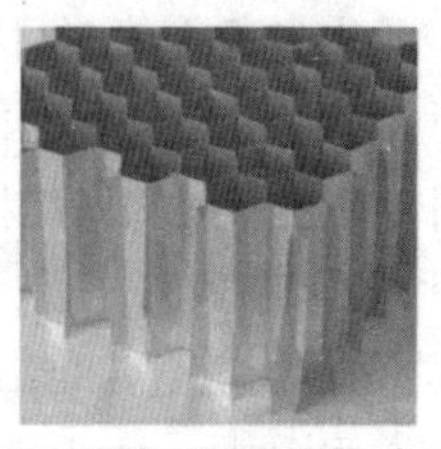	

胞元结构	无	随机	组织有序	组织有序位置特定
属性	连续同种类	各向同质胞元	同质且各向异性	不同质且各向异性
设计自由度	固体	固体，胞元大小	固体，胞元大小和方向	单元大小/形状，节点拓扑，韧带形状，材料

图 1.4　为材料添加结构

1.3　点阵夹芯结构研究现状

由高分子材料制成的硬质泡沫材料已广泛应用于夹芯板结构的芯材。金属泡沫材料是金属通过在熔体中引入气泡而产生的。随机气泡成核、膨胀和随后的熔体排出过程导致随机的、封闭的多孔结构材料。如果使用网状聚合物泡沫模板，通过熔模铸造技术可以制作具有相互连接支柱的开孔结构材料。用金属和聚合物形成的泡沫材料，它们的力学性能远未达到最佳，这是由于泡沫材料内的结构胞元壁会通过局部弯曲而导致变形。泡沫和气凝胶的随机胞元结构导致韧带的弯曲变形，随着孔隙率的增加，强度和刚度迅速下降。相比之下，某些有序的晶格型胞状结构可以具有近乎最优的拉伸支配性能，从而产生强度和刚度与材料的固体体积分数成比例的材料。随机泡沫和结构性多孔结构都可以称为“多孔”。因此在许多文献中，这两个术语有时可以互换使用。多孔材料通常也称为点阵结构，尤其是当它们由支柱和节点组成时。这种力学性能引起研究者们对具有高节点连接性的开孔微结构的兴趣，研究者们研究出以拉伸为主导的点阵胞元结构材料，这种材料具有更高的单位质量刚度和强度。在相对密度较低的情况下，点阵结构材料比由相同材料制成的单位体积等效质量的泡沫结构更加坚硬和坚固。将材料的组成胞元排列成一个三维结构，如桁架结构或点阵结构，这样有利于提高大型工程结构的效率。

通过对多孔结构材料的研究，研究者们构建了结构材料中大量的胞元拓扑结构，并从胞元材料的研究中通过调整胞元材料的相对密度和胞元拓扑结构来改善整体结构材料的性能。泡沫结构是随机结构，是通过制造工艺获得的，制造工艺允许对孔尺寸和孔壁厚度进行有限的控制，而结构化的多孔材料具有确定的周期性几何形状，可以通过少量的几何形状来完全确定设计参数。原则上更可控的结构导致更可控的机械性能，这使得结构性蜂窝材料非常通用，因为它的性质可以在更宽的范围内通过简单地修改几何设计参数来实现。

在多孔结构材料的应用中，点阵夹芯结构是应用较为广泛且很重要的一种结构形式。点阵夹芯结构广泛应用于轻量化设计中，特别是在航空航天领域，目前也将这种结构形式越来越多地运用在体育器材、建筑结构和汽车应用上。点阵材料可以通过调整微观胞元尺寸参数设计与运用宏观材料尺寸在力学性能上进行有效均质性描述，如有效弹性模量、强度、密度、渗透性、导热率及声学性能等。

依据 Gibson 和 Ashby 的研究工作，对点阵结构材料的设计需要依据胞元结构中的节点和支撑杆的连接来确定，节点和支撑杆的数量不同，点阵结构的密度和机械性能也不同。通常以分析胞元结构节点的连通性区分胞元结构是以弯曲为主导还是以拉伸为主导的结构形式。如果有销钉代替支撑杆间的刚性连接，则胞元结构的性能主要取决于结构中节点的连接性。当胞元结构受压缩载荷时，结构可能会由于支撑杆围绕连接点的旋转而坍塌，即此时的结构成为一种机构，这种结构被定义为以弯曲为主的结构形式。当外部加载时结构的支撑杆由于抵抗外力而旋转，使整体结构发生弯曲变形。当结构是以拉伸为主导的结构时，当外加载荷时支撑杆主要承受轴向载荷，支撑杆以承受拉力为主。结构的分类可以用麦克斯韦稳定性数学公式准确表示，系数 M 为负值时结构以弯曲为主，而拉伸为主时系数 M 则为正。对于 $2D$ 点阵结构，$M=b-2j+3$，其中，b 是支撑杆数，j 是节点数。对于 $3D$ 点阵结构，$M=b-3j+6$。当点阵结构承受压缩载荷时，拉伸主导结构比弯曲主导结构更有效，因为此时支撑杆处于完全加载状态的拉伸或压缩，如图 1.5 所示。图 1.5(a)如果用销钉代替接头，则该结构是以弯曲为主；图 1.5(b)和(c)如果用销钉代替接头，则是以受拉伸为主的结构；图 1.5(d)是以受弯曲为主的结构；图 1.5(e)和(f)为以受拉伸为主的立体结构。

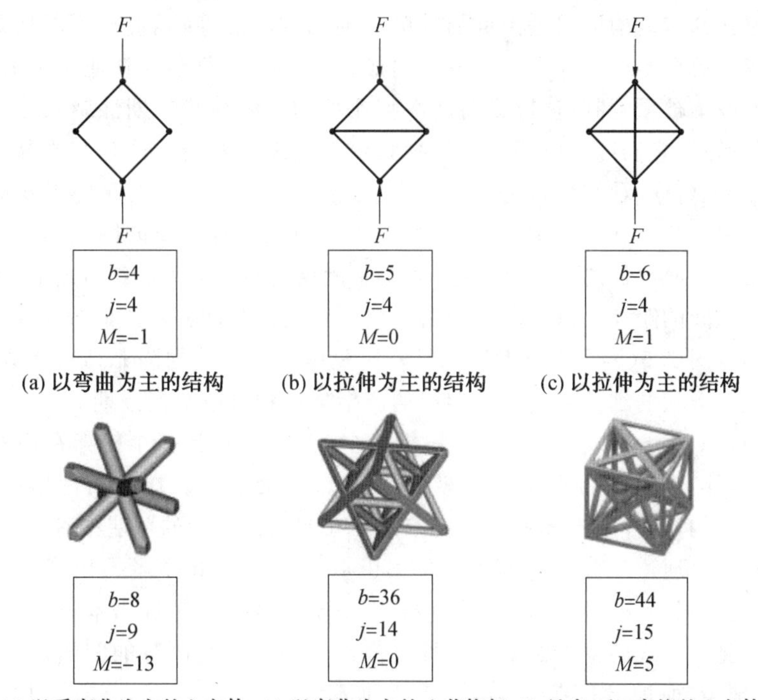

图 1.5 支撑杆状态

胞元结构材料的性能主要由三个主要因素决定，即材料、结构和相对密度。材料的选择决定了胞元结构的特性；结构决定了胞元结构的整体行为，包括开孔或闭孔结构、随机结构或周期性结构；相对密度，点阵结构的许多性质都与相对密度相关。点阵结构材料中固体材料在多孔材料中占总体积的百分比被定义为相对密度。相对密度可以从几何角度讨论支撑杆长度和直径计算几种不同类型的多孔材料的相对密度。但相对密度又不能足以表征细胞材料的形态，即使在相对密度相同的情况下，以弯曲和拉伸为主的结构也将具有不同的机械性和破坏机理。通过压缩应力一应变曲线表明，胞元结构受力时主要表现有三种特性：(1)线弹性状态，这是由于在载荷作用下结构的弯曲或拉伸导致的支撑杆处于屈服阶段；(2)平稳状态，在此期间胞元由于内部支撑杆处于屈曲状态，脆性压碎开始逐渐塌陷或根据基材和形态的不同而屈服；(3)致密化阶段，该阶段对应于一个单元相对另一单元的塌陷。与相同相对密度的弯曲为主导的点阵结构相比，拉伸为主导的点阵结构的应力一应变曲线通常具有更高的初始刚度和屈服强度。

在胞元结构表面上覆盖一个薄而硬的面板，可以增强结构材料的整体机械性能。夹芯结构通常是弯曲加载的，这使面板承受压缩和拉伸载荷，而核心承受剪切载荷。通过设计点阵结构，可以扩展已知材料的性质空间。随着制造技术的快速发展，应用现代的铸造、成型和纺织技术，目前出现了种类繁多的点阵夹芯结构。点阵夹芯结构的拓扑形式如图 1.6 所示，它是目前研究常见的点阵夹芯结构形式。图 1.6(h)、(i)、(j)所示结构，具有闭孔结构非常适合热保护，同时也提供有效的负载支持。这些结构形式被广泛用于设计轻质夹层板结构中，用于产生单向流体流动，吸收冲击能量，阻止穿过夹层板表面的热传输和声学阻尼。这些结构形式是由重复的单个胞元构成的，胞元直径可以从几十微米到几十毫米不等。单个胞元形式可以形成三角形、正方形、六角形或其他相关的形状，单个胞元在两个维度上被重复制造，形成周期性胞元结构。波纹状周期性结构也是周期性蜂窝结构的一种形式，它们广泛应用于建筑物和船舶建造以及横流式热交换器方面。如果将图 1.6(h)、(i)、(j)所示结构的芯子部分绕其水平轴旋转 90°，则它们将变为棱柱状结构。在一个方向上具有开放性胞元，在两个正交方向上具有封闭的胞元结构。这种情况说明了改变结构各向异性的可能性，并且表明胞元结构在作为夹芯结构的芯子时，可以确定芯子与面板之间的距离。以上所讨论的封闭蜂窝结构和部分开放的棱柱状结构是由板或薄板构成的。图 1.6(b)、(c)、(d)所示结构则是由完全开放的胞元结构构成的，胞元结构是任何横截面形状的细长梁(桁架)形成的。桁架结构可以根据预期的应用进行多种不同的配置排列。图 1.6(b)是四面体点阵结构，具有 3 个桁架，每个桁架在面板节点处相交；图 1.6(c)是金字塔结构，有 4 个桁架，在面板节点处相交。在这两种拓扑结构中，拓扑结构都是连续的，两种结构都具有易流方向。在四面体结构的单层中有 3 个通道，在金字塔结构中有 4 个通道。普林斯顿大学的 Salvatore Torquat 学者提出了一个新的拓扑结构，被称为三维 Kagome 拓扑，如图 1.6(d)所示。Kagome 是日语术语，指 3 个方向的面内编织形成篮子形式的编织图案。这种结构是由一对互为倒置的四面体，并且彼此旋转偏移 60°构成，在面板上的节点形成二维四面体结构。图 1.6(b)、(c)、(d)所示 3 种拓扑结构都能有效支撑结构载荷，尤其是面板在弯曲时受到的剪切载荷。由于先进制造技术的支持还提出了其他形式的点阵结构形式，如图 1.6(e)、(f)、(g)所示 3 种结构形式。这种结构形式可以采用开放面制造，并分层以形成空间填充结构。

点阵结构的形式中，八位桁架结构和 Kagome 结构在空间上呈周期性材料具有宏观

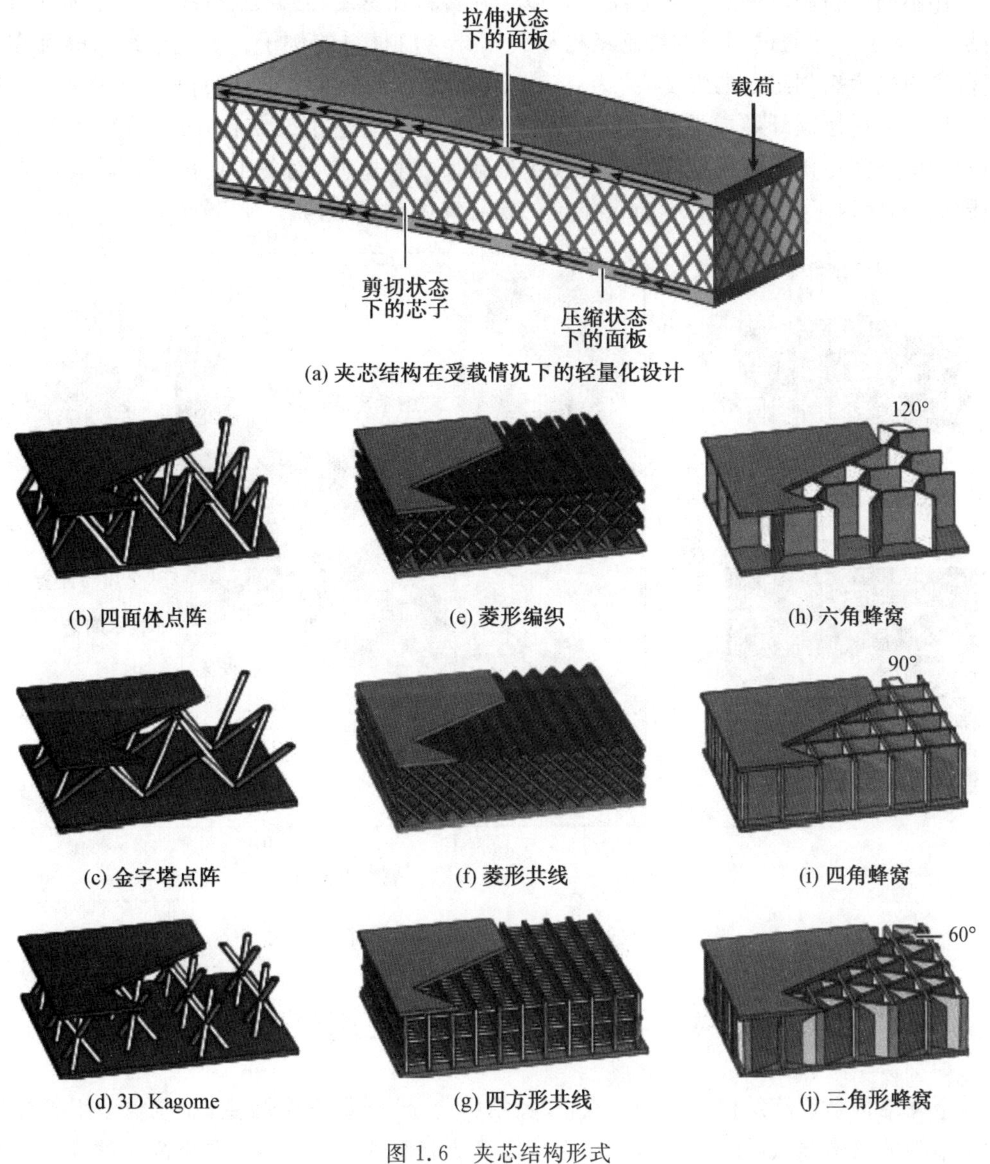

图 1.6　夹芯结构形式

加载状态下单元通过局部拉伸变形的特点。因此，八位桁架的特定力学性能(刚度、强度、韧性和能量吸收)远远超过开孔泡沫。这种材料也有望在轻质、紧凑的结构热交换器中得到应用。在过去的几年中，这些点阵材料的许多变异已经被研发出来，包括 2D 和 3D Kagome 结构，更简单的金字塔和四面体晶格与各种棱柱拓扑结构，如金刚石和方形蜂窝等结构。

与传统的泡沫和蜂窝夹芯结构相比，点阵夹芯结构具有质量轻、功能多、性能好、设计灵活等明显优势。点阵结构的胞元结构设计对其整体结构的力学性能具有重要意义，并且影响结构自身的应用场所。人们对不同条件下不同点阵结构构型的力学性进行了大量的研究。

用不同材料制成的点阵夹芯结构可以弥补材料在密度与强度之间的空白。如图 1.7 所示，显示了一些通过创新的细胞结构形式填补空白材料的例子。氧化铝纳米蜂窝在密度范围内显示出创纪录的强度，约为 0.7～1 g/cm³。陶瓷碳化硅微点阵也显示了空白空间强度。通过用碳纤维增强聚合物(CFRP)复合材料制造桁架结构，可以在强度和模量与密度的空间中访问空白空间。通过改变晶胞尺寸和壁厚，制备了密度范围较宽的空心镍微点阵，获得了密度低至 0.9 mg/cm³ 的空心镍微点阵结构。

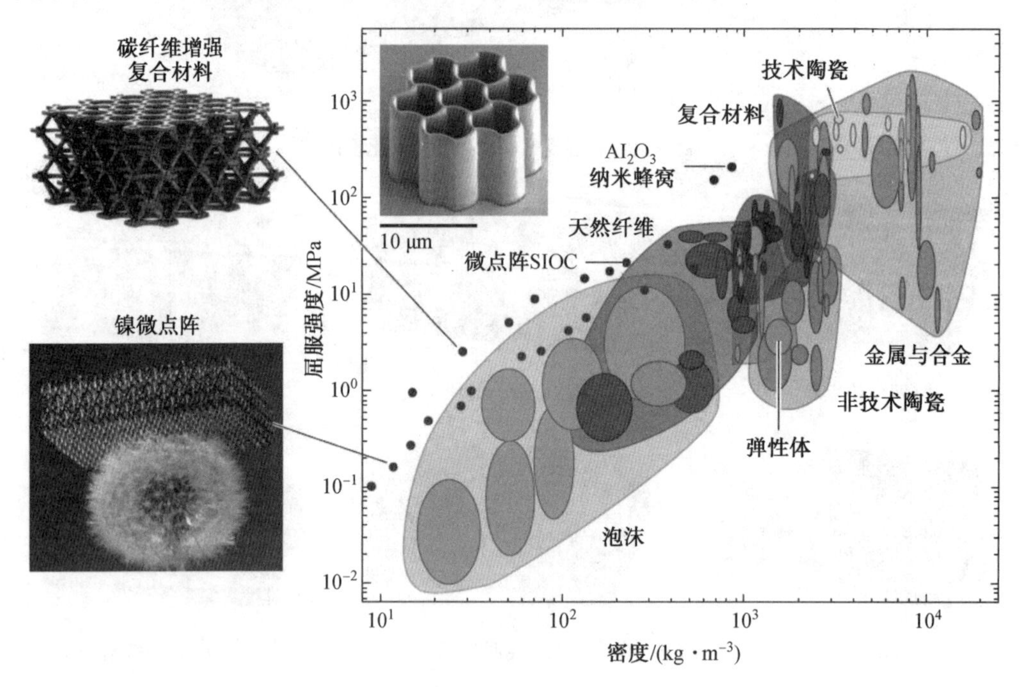

图 1.7 控制蜂窝结构实现的空白材料的示例

1.4 点阵夹芯结构应用现状

金属结构是点阵结构研究的重点，以钛结构合金、金属合金为主，在航空多用于抗热水平不高的结构领域、格栅类结构、外壳结构等功能部件。点阵结构具有高比强度和比刚度，可用于局部结构的特性增强，使其满足机械需求同时也可实现自重减少，如图 1.8 所示为飞机上用的金属多功能点阵结构。

由德国斯图加特大学(University of Stuttgart)的计算机设计与施工研究所(Institute for Computational Design and Construction, ICD)和建筑结构与结构设计研究所(Institute for Building Structures and Structural Design, ITKE)共同进行了近 10 年的研发，以仿生学原理为基础的组装式木质壳体，模仿海胆骨架组装了 BUGA 木质展馆。该展馆位于德国西南部的海尔布隆，如图 1.9 所示。木质展馆使用 376 个定制的空心木片，预制木质外壳的装配过程由两组工匠在 10 个工作日内完成。未经处理的落叶松材面板用作展馆的外部饰面，所有建筑元素和构件都是可拆卸且重复使用的。该木结构屋面跨度为

30 m,最大限度地减少了材料使用量。

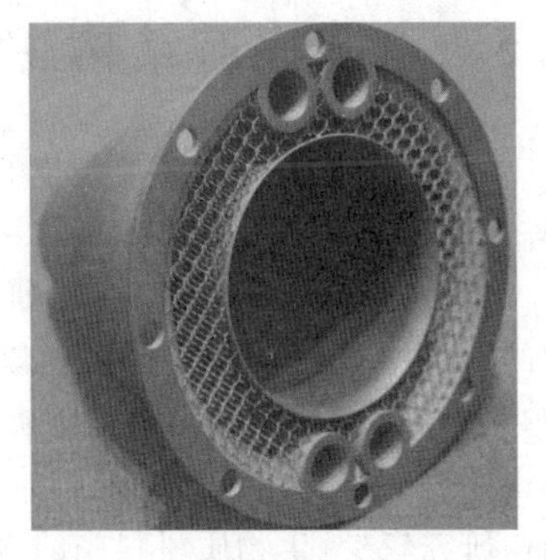

图1.8 飞机用的金属多功能点阵结构

(a) BUGA 木质展馆

(b) 木片单体结构体系爆炸图

图1.9 预制木质外壳的木质展馆

2017年4月阿迪达斯推出Futurecraft 4D世界第一双通过数字光合技术制造的高性能鞋底,如图1.10所示。阿迪达斯与Carbon战略合作通过Carbon的光和氧气化学反应通过3D打印技术来制造Futurecraft 4D。这款产品具有超轻、缓震、稳定、舒适等运动需求。鞋底的点阵结构设计是为了当重量压在鞋底时能将能量有效吸收和缓释。

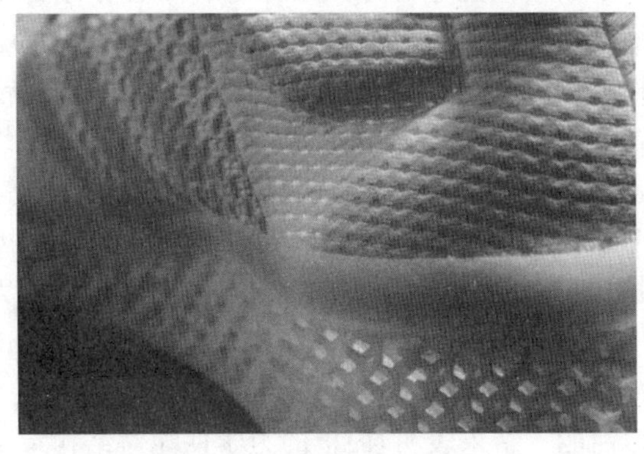

图1.10 鞋底的点阵结构设计

1.5　点阵夹芯结构生物质材料研究现状

在现代工业工程中，当结构设计要求最小的重量具有最高的力学性能，即优越的比刚度和强度时，点阵夹芯结构是最有可能实现这一要求的结构。目前，点阵结构主要采用金属和复合材料进行制备并对其力学性能进行研究，Queheillatl 探索了金字塔点阵桁架结构在挤压状态下的力学性能；Gregory 研究了以铝为主要原料的四面体点阵桁架结构的压缩性能；Zhang Guoqi 等探讨了金字塔点阵夹层结构的制备、平压及弯曲性能。学者们还对 Kagome 结构在静态、动态、弯曲载荷及冲击载荷状态下的性能进行了研究。而对木质材料的格栅结构研究较少，生物质材料中的木材、竹、麻等可用作结构材料，在人类生产和生活领域都占据着不可替代的作用。尤其是木材，它具有较高的强重比和突出的隔热保温、吸音隔声、天然可再生及可循环利用的特点。与金属和复合材料相比，木材具有强重比高、隔热保温、吸振隔音和环保的特点。为适应现代木结构建筑的需要，将当今被认为极具发展前景的点阵结构应用于木质工程材料领域，以满足“结构与功能一体化、轻质高强、生态环保节能”的发展趋势。

对生物质材料进行相关点阵结构研究，可以将这类结构形式应用到建筑行业，通过近几年建筑业、材料业、家居业及其相关行业的协同发展，可以有效提升人居环境。近几年，生物质材料的代表木材，以其特殊的弹性和强度比钢和混凝土在建筑行业拥有可持续发展的潜力。使用工业化预制建筑木构件可以为建筑结构提供高质量的材料和表面，同时也使施工期缩短，将木材制造与数字技术相结合实现绿色可持续建筑。Milch 阐述了木桁架结构的历史；Barreto 讨论了修复木桁架结构的黏结剂性能；金明敏等人使用胶合法将杨木单板层积材、桦木锯材和桦木销制备了尺寸为 1 260 mm×60 mm×60 mm 和 1 080 mm×60 mm×60 mm 的二维点阵结构，对结构的压缩性和抗弯性能进行了实验研究。结果表明，结构的抗压极限强度主要取决于芯子材料的力学性能，胶黏剂的断裂韧性和面板材料的强度决定了结构的抗弯能力。并研究了压缩与弯曲性能，探索了木质基二维桁架夹层结构的压缩与弯曲性能。Petr 等使用开槽刨花板作为面板和桦木胶合板制备了新型联锁夹芯结构，将试件尺寸为 112 mm×112 mm×37 mm 进行平压测试，对尺寸为 410 mm×112 mm×37 mm 的试件进行弯曲测试。研究结果表明，这种结构形式具有良好的黏结性，该结构属于质量轻、强度高的材料结构。郝美荣等使用具增强苯酚的菠萝纤维制备了直径为 100 mm、高为 113.8 mm 的二维点阵圆柱结构，进行了轴向压缩实验研究。结果表明，圆周的等分数即胞元数是影响点阵圆柱承载能力和刚度的主要因素。Li 等使用 WPC(wood plastic composites)和 GFRP(glass fiber reinforced plastic)制备了包含两个胞元，尺寸为 160 mm×30 mm×20 mm 的二维点阵结构。作者研究了复合材料二维点阵结构的压缩性能。结果表明，面板的力学性能对结构承载能力有较大的影响，点阵结构表现出良好的能量吸收能力。Qin 等使用废杨木定向刨花板和桦木圆棒榫制备了尺寸为 60 mm×60 mm×70 mm 的胞元结构，进行了面外压缩实验研究。结果表明，面板的倒塌是引起胞元变形的增加，降低结构的压缩性能。这些研究表明生物质材料做成点阵夹芯结构具有质轻高强的特点。李曙光等设计了一种在夹芯结构的芯层中加入桦木垫块的连接形式，制备了尺寸为 60 mm×60 mm×60 mm 的试件，对其进行面外压缩实验和短梁剪切试验。这种结构形式有效地解决了木质面板的完整性，并与试件采用插入胶合的方法进行力学性能比较分析。作者通过试验研究得出，加入桦木垫块的点阵夹芯结构形式，可以有效地增强芯层力传递的效率。随着加载位移的增加，这种结构形式出现相对稳定的力学行为，并且延缓了结构失效时间。Wang 等设计了木质金字塔点阵芯子结构形式，试件的制备尺寸为 297 mm×93 mm×56 mm，对其进行轴向压缩实验。这种结构形式的破坏模式和抗压性能进行分析后可得出一种对该结构形式进行改进的结构形式，即对结构的芯层和面板都进行加固的结构形式。采用理论分析和有限方法对改进后的结构进行抗压性能的预测与分析。试验结果与理论分析都表明，夹芯结构的芯层结构与面板强度对试件的整体抗压性能和破坏模式都有较大影响。Zheng 等采用木塑复合材料 WPC 与定向刨花板 OSB 为面板，桦木和玻璃纤维增强塑料 GFRP 为芯材，采用插入胶合法制作一种木质基双 X 型点阵夹芯结构。试件的制备尺寸为 60 mm×60 mm×60 mm，对试件进行平面压缩实验和解析模型研究了这种结构的压缩性能和破坏模式。横向压缩试验结果和解析模型分析表明，WPC+GFRP 与 OSB+GFRP 组合的破坏模式主要为面板破坏，而 WPC+桦木与 OSB+桦木组合的破坏模式主要为芯层剪切破坏。芯层的直径影响双 X 型点阵夹芯结构的压缩性能。OSB+桦木组合形式具有更好的压缩性能，与理论模型分析结果相吻合。试验结果与理论分析都表明，这 4 种夹芯结构形式都具有较大的比强度和模量，都可以实现质量更轻、强度更高的材料要求。他们的研究使自然生物材料在轻质高强结构中取得了较好的成果。

目前，由于国内外均禁止对原始天然林的砍伐，导致速生丰产人工林成为木材的主要来源，且价格低廉。因此，研制轻质高强的木质格栅胞元结构，优化木质胞元结构的构型和强度以及减轻胞元质量具有重要的研究价值。如果将夹芯结构应用于现代木结构中并可实现生产、设计和功能一体化的建筑形式，使被动式建筑向主动式或半主动式建筑转化，有利于现代建筑结构的发展。然而，目前夹芯结构使用生物质材料及其在建筑结构方面的应用很少。这些研究没有关注构成结构胞元的参数及胞元材料对胞元受力性能的影响。本书依据生物质材料的特点并在满足拉伸主导型点阵结构的前提下，研究了胞元组成材料及结构参数之间的关系。比较分析了常见点阵结构胞元的力学性能，优选出力学性能好的结构作为本书研究的胞元结构；理论分析胞元结构中芯子直径与长度对胞元受力的影响及平压状态下胞元的危险点；应用 ANSYS 仿真分析面板厚度对胞元承载力的影响；试验测试芯子直径及面板材料对胞元承载力的影响。将性能最优的胞元制备成装配式结构应用于现代木结构中。

1.6 研究目的与意义

点阵材料最初是依据鸟类秃鹰翅膀结构的独特形式而提出的。这种骨骼的独特结构是由两层三维空间的一系列倾斜支柱连接的，这种结构提供的刚度使所需的质量最小化，因为大多数的质量是远离中性面的。这种结构轻型化、高比强度、高韧性和结构多功能化是当前国际上认为最有发展前景的轻质、高强、高韧性材料，并且目前主要将这一结构应用于大型航空航天器结构的发展。点阵材料的定义国内学者存有争议,可分为具有 grid materials 格栅结构材料和具有 lattice materials 点阵结构材料,从学者研究的大多数结构中,研究者余同希建议将其称为格栅材料。格栅材料是指具有平面周期结构的材料,点阵结构具有三维周期构型,有原子空间排列的结构特点,它既表示原子在空间所占据的"点"的阵列,又表示"点"与"点"用原子键连接后的空间框架构型。固体材料的点阵结构在空间中不存在孤立点的集合,但在研究中仍使用点阵材料这一名称是为区分于非严格周期的胞元材料,同时将格栅材料称为一种二维点阵材料。

目前点阵结构所使用的材料大都是金属复合材料,它们在加工过程中都可积聚一点形成点阵结构中的"点",而如果将点阵列结构应用于木材工业中这个点将不易形成。因此,将点阵列结构应用于木质工程材料中更符合格栅点阵结构。如果将格栅点阵结构应用于木质工程材料中将会更好地实现"劣材优用"这一特点。这些材料在一定程度上克服了木材固有的一些缺陷,可以加工成我们在生产实践中需要的任意规格的板材,拓宽了应用领域,但相对较低的强度和刚度及较高的价格,以及在耐火、阻燃、隔热、降噪等方面功能单一,无法与质轻、高强、功能多的材料相竞争。如何对木质工程材从结构上优化,达到降低成本、减轻自重,并且具有更好的性能及更多功能的这一问题出发,提出了木质工程材的点阵夹芯结构。

木质工程材格栅点阵夹芯结构是由上下两层强度和模量都较高的木质基面板与中间高强度的芯子所组成的质轻、高强的新型木质基结构。比强度高的轻质芯子作用是尽可能降低结构的质量,增加两面板的截面惯性矩,从而提高结构的抗弯曲刚度;面板黏接在芯子上,从而实现载荷在芯子和面板之间的传递。格栅点阵夹芯结构的芯子主要承受面外剪切载荷,而面板主要承受面内载荷和弯曲载荷。与传统木质工程材和木质夹层结构相比,这种格栅点阵夹芯结构具有内部开孔特性和大孔隙率特点,质轻、比强度与比刚度高等优点,且具有可设计性。通过合理使用内部空腔可实现传热、吸能、推进和制动等多种功能。现有的木质复合材料由于其设计自由度大,可制造高性能的结构材料和功能材料,它将木材与其他材料从组成、结构、工艺、性能和应用等诸多因素进行优化,按需设计而且采用新工艺和新技术。从而符合国际上提出的"生态环境材料",是国内外材料科学与工程研究发展的必然趋势。

1.7 主要研究内容

以往的研究,对夹芯结构的芯部受力分析较为详细,但是也存在一些问题。首先,对面板的受力研究还不够全面和深入;其次,所研究的实验试件尺寸较小与建筑结构组件尺寸差距较大;再次,试件结构和尺寸不能更改。针对以上问题,本书根据木材生长的地域和木材密度,选用落叶松指接材和桦木材作为点阵夹芯结构的原材料。落叶松指接材做面板,桦木材做芯子,通过插入胶合的方法制备点阵夹层结构胞元,再采用榫卯拼接的方法将结构胞元拼接成不同结构形式和大尺寸的试件。通过研究木质点阵夹芯结构的拓扑结构形式力学性能,实现劣材优用,这对木材资源的利用及生物质结构工程的应用研究具有实际意义。

本研究概述如下：首先，利用通用机械试验机研究了落叶松指接材和桦木芯子的力学性能。其次，采用插入胶合法，以落叶松为面板，桦木销钉为芯子，设计制作了二维点阵结构单元。采用实验方法研究了二维点阵结构单元的压缩性能。第三，应用榫槽连接的方法，将结构单元拼接成不同结构形式的预制式点阵夹芯结构试件。采用实验方法研究了预制式点阵夹芯结构试件的压缩性能。第四，以结构单元的压缩性能为理论依据预测点阵夹芯结构试件的性能，并将试件的实验结果与理论预测进行了比较。第五，依据试件的试验结果对试件结构进行优化，设计一种强度更高的点阵夹芯结构。最后，综合评价结构等效抗压强度、比强度、能量吸收和比能量吸收。对芯子受力情况进行了详细的分析和计算，但对面板受力情况的研究还不够深入。

第 2 章　木质金字塔型点阵结构胞元的力学行为

生物质材料中的木材、竹、麻等可用作结构材料，在人类生产和生活领域都占据着不可替代的作用，尤其是木材具有较高的强重比和突出的隔热保温、吸音隔声、天然可再生及可循环利用的特点。为适应现代木结构建筑的需要，将当今被认为极具发展前景的点阵结构应用于木质工程材料领域，以满足“结构与功能一体化、轻质高强、生态环保节能”的发展趋势。

应用 3D 打印技术打印出当前学者研究较多的结构形式，对其平压测试，将性能最好的结构应用于木质工程材。依据木质工程材和点阵结构特点，设计木质点阵结构胞元形式，对其在平压状态下进行理论预测、仿真分析和试验测试。将得出的胞元平压比强度及对胞元受力影响因素进行分析，并讨论理论预测、仿真分析和试验测试三者间的差异。

2.1　胞元结构优选

目前关于研究点阵结构的学者大都是围绕金属和复合材料的构型和制备工艺展开的，常见的点阵材料结构有四面体、金字塔、三棱柱、四棱锥及二十面体等多种形式，而对四面体、金字塔及类金字塔(芯子与上下面板成 45°)这 3 种结构类型研究得较多，但大多数研究者只是对其中一种进行探究，而很少将三者放在一起进行受力分析比较。本书在此选择相同材质、上下面板相同厚度、圆棒榫直径相同构成的 3 种胞元结构，用 3D 打印技术将 3 种胞元打印出来。图 2.1 所示为 3D 打印的胞元，材料均为 PLA 材质，即胞元是同向均质，观察胞元受力状态及破坏形式。

(a) 类金字塔

(b) 金字塔

(c) 四面体

图 2.1　3 种不同的胞元类型

由于结构自身特点，3 种结构在高度上略有差异。胞元尺寸用长×宽×高表示，单位为 mm，图 2.1(a)为 43 mm×43 mm×26 mm，(b)为 43 mm×43 mm×28 mm，(c) 为 43 mm×43 mm×28 mm；上、下面板的尺寸为 43 mm×43 mm×10 mm，中间芯子直径

均为 10 mm，每种结构取 5 个试件使用万能力学试验机（WDW－300，长春科新试验仪器有限公司）进行平压试验，测得其受力和位移结果如图 2.2 所示。

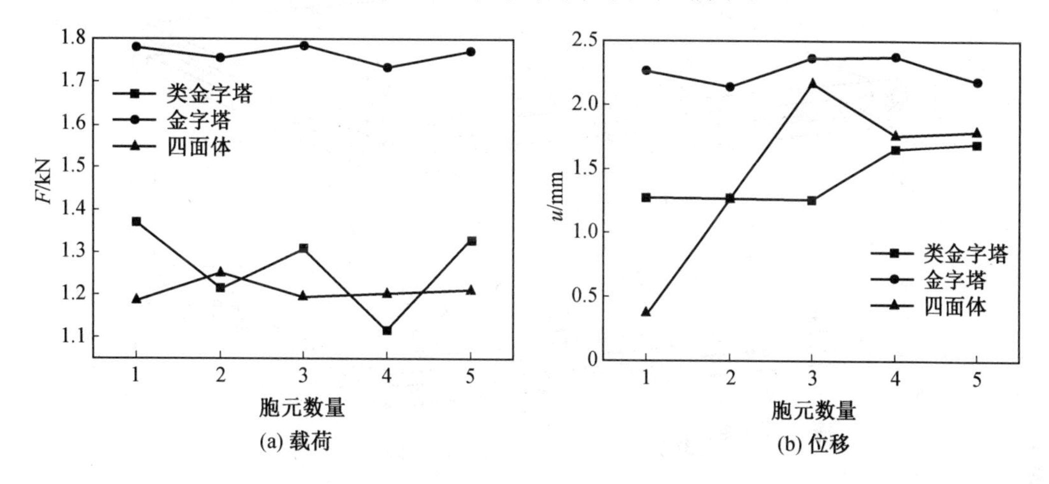

图 2.2　不同单元结构载荷和位移对比图

从图 2.2(a)中得出，金字塔构型胞元承压能力最强，类金字塔构型胞元波动较大但其平均值仍高于四面体结构胞元；图 2.2(b)中得出，金字塔构型胞元变形最大，类金字塔构型胞元仍是波动较大，但平均值仍高于四面体胞元。在试验加载过程中，类金字塔胞元破坏为芯子脆断则胞元破坏；四面体胞元破坏为芯子先蠕变压溃后脆断则胞元破坏；金字塔胞元破坏为芯子蠕变压溃，直到上下面板与芯子压为一体，表现出良好的吸能性。四面体和类金字塔这两种结构在受力时都发生脆断，因此在载荷曲线和位移曲线上才会出现波动。

2.2　胞元结构形式

通过不同胞元结构平压性能比较，得出金字塔型结构平压性能最优，将其应用于木质基工程材，则木质基点阵夹芯结构胞元如图 2.3 所示。

胞元由上面板、下面板和芯子组成。面板中间具有榫槽结构，用于连接各胞元结构。芯子与下面板成 52°。胞元的上下面板为正方形，胞元结构中 a 为上、下面板边长；b 为面板榫槽宽度；t_f为上、下面板厚度；l 为芯子长度；d 为芯子直径；t 为相邻芯子中心线与上面板交点间的距离；ω 为芯子与下面板的夹角。胞元间通过榫槽中插入榫片相连，可形成网架、空心板、梁、柱等结构形式，与现在大力发展的装配式木结构相统一，并可依据应用需求更改胞元尺寸扩大其应用范围。

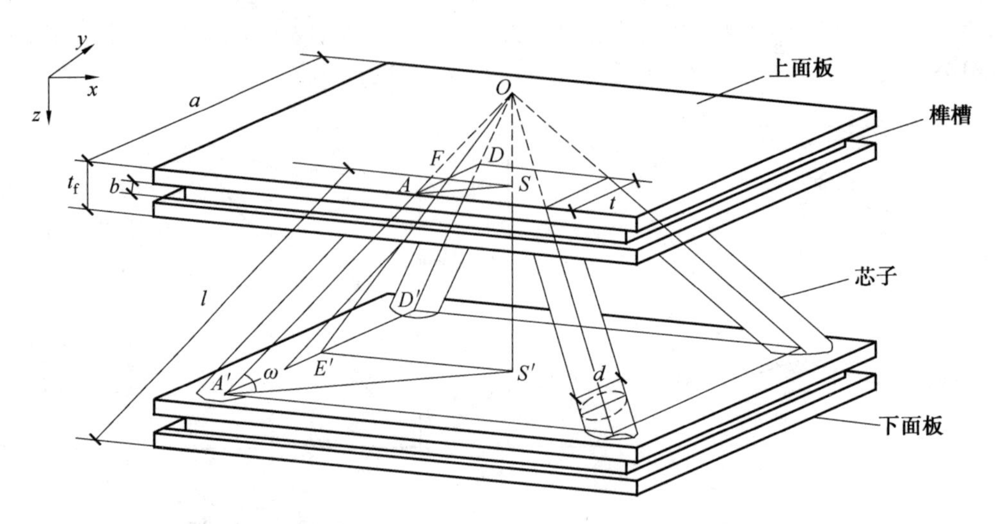

图 2.3　木质基点阵夹芯结构胞元

2.2.1　胞元力学分析

木质金字塔型胞元结构的强度取决于面板、芯子及两者的结合强度。本书建立了胞元结构在平压载荷下的力学模型，其受力分析如图 2.4 所示。由图 2.4 可知，胞元结构在平压载荷的作用下，胞元上面板中心点 S 的变形量为 SO'，记为 Δ，芯子长度 AA' 的压缩量为 AR。通过图 2.4 可以建立以下几何位移关系为

$$OR = OG\sin\beta = OO'\sin\alpha \cdot \sin\beta \tag{2.1}$$

$$OA = \frac{OE}{\sin\beta} = \frac{OS}{\sin\alpha \cdot \sin\beta} = \frac{OS}{\sin\omega} \tag{2.2}$$

$$\sin\alpha \cdot \sin\beta = \sin\omega \tag{2.3}$$

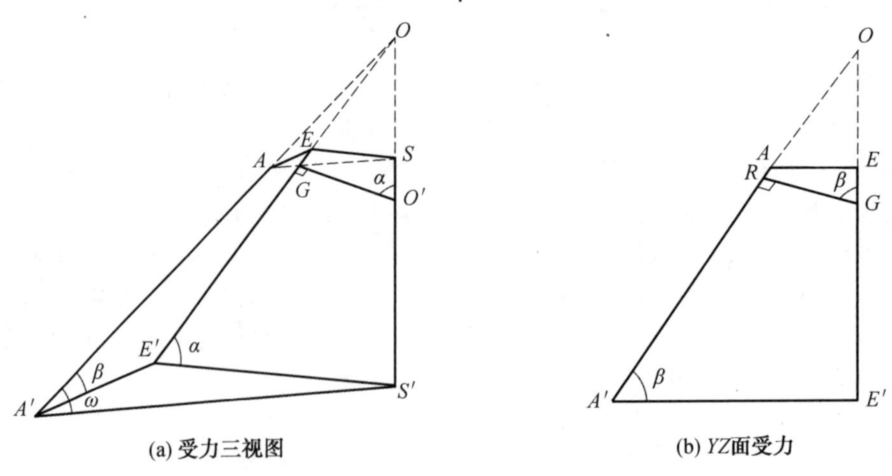

图 2.4　木质金字塔型栅格夹芯结构胞元受力分析

$$AR = OR - OA = OO'\sin\omega - \frac{OS}{\sin\omega} = \frac{(OS + SO')\sin^2\omega - OS}{\sin\omega}$$

$$=\frac{SO'\sin^2\omega-OS\cos^2\omega}{\sin\omega}=SO'\sin\omega=\Delta\cdot\sin\omega \tag{2.4}$$

在木材线弹性状态下，芯子的轴向力 F_A 为

$$F_A=ES\frac{\Delta l}{l}=E\pi\left(\frac{d}{2}\right)^2\frac{\Delta\cdot\sin\omega}{l} \tag{2.5}$$

式中，d 为芯子直径，mm；l 为芯子长度，mm；Δ 为胞元变形量，mm；E 为芯子弹性模量，MPa。

胞元面板材料和芯子材料分别是落叶松和桦木，其力学性能如表 2.1 所示。

表 2.1　胞元材料的力学性能

材料	密度 ρ /(g·cm^{-3})	顺纹杨氏模量 E/GPa	顺纹抗压强度 σ/MPa	抗剪强度 τ /MPa
落叶松	0.61	12.690	44.20	14.24
桦木	0.59	3.157	47.32	7.40

由式(2.5)可知，芯子的轴向力与芯子长度、半径及胞元的变形量密切相关，其结果如图 2.5 所示。图 2.5 中 $L30\sim L60$ 指芯子长度为 30～60 mm，可得出相同直径的芯子，长度越长则所承受的轴向力越小。图 2.5 中 $D10\sim D16$ 指芯子直径为 10～16 mm，可得出相同长度的芯子，直径越大则所承受的轴向力越大，而胞元变形越小。

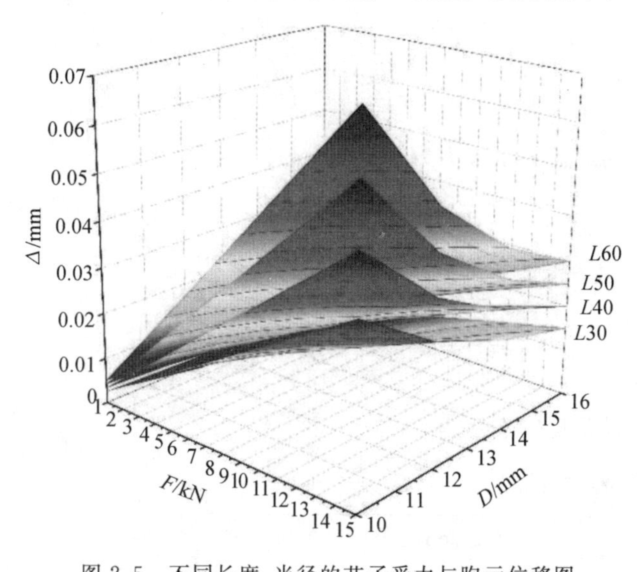

图 2.5　不同长度、半径的芯子受力与胞元位移图

芯子与面板间的连接属于强固定连接，胞元在平压状态下主要由 4 根芯子受力，每根芯子承受竖直向下的载荷力 F。芯子受力分析如图 2.6 所示。

芯子所受轴力为

$$F_A=F\sin\omega \tag{2.6}$$

芯子所受剪力为

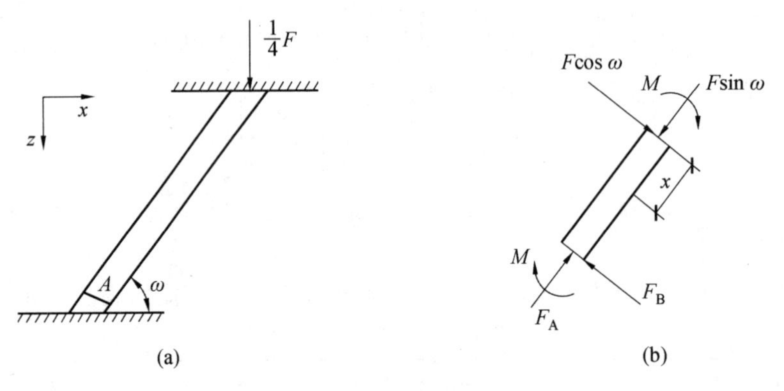

图 2.6　单根芯子受力分析

$$F_s=\frac{12EI\Delta\cos\omega}{l^3} \tag{2.7}$$

式中，芯子截面的转动惯量 $I=\frac{\pi d^4}{64}$。

芯子所受弯矩为

$$M=F\cos\omega\cdot X \tag{2.8}$$

式中，X 为剪力与作用点的距离，$0<X\leqslant l$。

因此，杆件所受到 Z 向合力为

$$\begin{aligned}\frac{1}{4}F&=F_A\sin\omega+F_s\cos\omega\\&=\frac{E\pi d^2\Delta}{4l}\left(\sin^2\omega+\frac{3d^2\cos^2\omega}{4l^2}\right)\end{aligned} \tag{2.9}$$

依据胞元结构的等效平压应力为

$$\sigma=\frac{F}{A}=\frac{F}{a^2} \tag{2.10}$$

式中，面板长度 $a=\sqrt{2}\,l\cos\omega+2\times37$。

则应变为

$$\varepsilon=\frac{\Delta}{(l-2t_f)\sin\omega} \tag{2.11}$$

胞元等效平压模量可以表示为

$$E=\frac{E\pi d^2\Delta\left(\sin^2\omega+\frac{3d^2}{4l^2}\cos 2\omega\right)}{l\left(\sqrt{2}\,l\cos\omega+d+37\right)^2}\cdot\frac{(l-2t_f)\sin\omega}{\Delta} \tag{2.12}$$

轴向应力

$$\sigma_{\mathrm{I}}=\frac{F_N}{s}=\frac{F\sin\omega}{\pi\left(\frac{d}{2}\right)^2} \tag{2.13}$$

最大剪应力为

$$\tau_{\max}=\frac{4}{3}\frac{F_s}{s}=\frac{4}{3}\frac{F_s}{\pi\left(\frac{d}{2}\right)^2} \tag{2.14}$$

弯矩应力为

$$\sigma_{\mathrm{II}} = \frac{M}{\frac{\pi d^3}{64}} \tag{2.15}$$

芯子在力 F 作用下产生的应力为 σ_{I}、$\tau_{\max}$ 和 σ_{II} 之和，根据芯子的应力状态可以得出，芯子上端所受应力为 $\sigma_{\mathrm{II}}-\sigma_{\mathrm{I}}$，下端所受应力为 $\sigma_{\mathrm{II}}+\sigma_{\mathrm{I}}$，且芯子中性轴所能承受的最大剪应力为 $\tau_{\max}$。因此，芯子的危险点在图 2.6 中的 A 点及 A 点所在区域芯子中线以下位置。

2.2.2　有限元分析

胞元主要由面板与芯子构成，面板厚度 t_f 和芯子直径 d 大小都影响胞元受力，下面分别进行讨论。仿真条件为，胞元下面板水平固定，上面板施加均布载荷，面板材料选用落叶松，芯子材料选用桦木。

2.2.2.1　芯子直径对胞元平压状态的影响

建立面板厚度相同，但芯子直径不同的 sim－A、sim－B、sim－C 3 种胞元结构。并利用 ANSYS 有限元软件对其进行力学性能仿真分析，即面板厚度大于芯子直径的 A 型胞元、面板厚度小于芯子直径的 B 型胞元和面板厚度等于芯子直径的 C 型胞元。各仿真参数如表 2.2 所示。

表 2.2　胞元结构仿真参数

参数项	参数值		
	胞元 sim－A	胞元 sim－B	胞元 sim－C
面板厚度/mm	12	12	12
芯子直径/mm	10	16	12
面芯比(t_f/d)	1.2	0.75	1

平压仿真分析主要用于研究胞元结构在平压载荷作用下的应力分布情况及其力学性能。仿真过程中，上、下面板的固定板材料为结构钢，胞元上、下面板与固定板之间是固定连接，胞元结构下面板水平固定，上面板施加载荷，如图 2.7 所示。

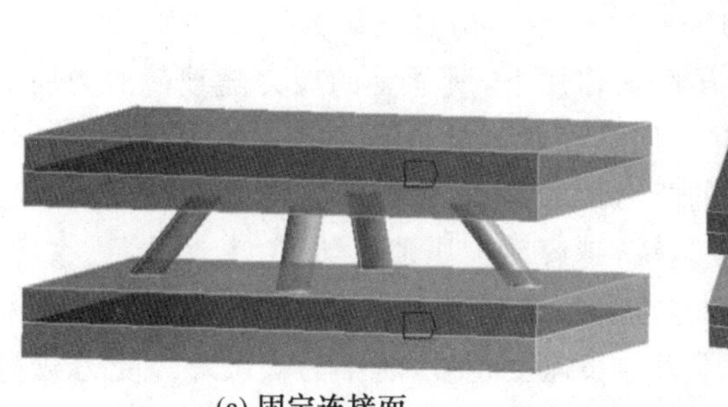

(a) 固定连接面

(b) 施加载荷

图 2.7　胞元仿真建模

3 种胞元结构载荷在胞元中心时的最大载荷应力分布云图如图 2.8 所示，应力单位为 MPa。从图 2.8 中可以得出，芯子应力远大于面板应力，最大应力均位于芯子根部附近，应力最大位置处与理论计算结果相符；芯子发生弯曲变形，芯子直径越小则弯曲变形越明显；上、下面板在水平固定板作用下没有变形量，但分担作用于芯子上的应力，面板应力随芯子直径的增大而增大。

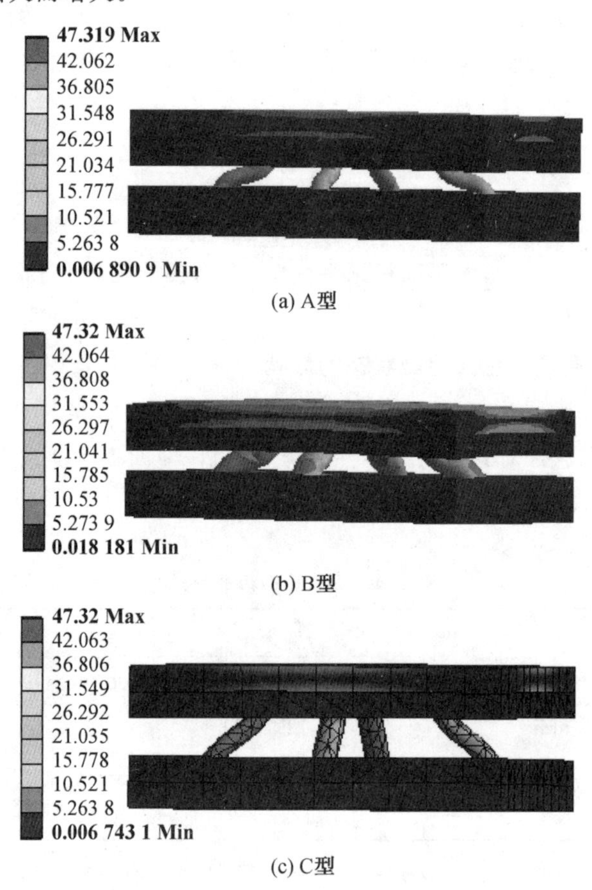

(a) A型

(b) B型

(c) C型

图 2.8　平压最大载荷应力分布云图

为探求胞元结构最大应力及变形量随载荷的变化规律，本书仿真了不同载荷及不同位置载荷下胞元的最大应力和变形量。受力位置在胞元中心时用 s0 表示，胞元受力位置从胞元中心偏离 10～50 mm 时用 s10～s50 表示。仿真结果如图 2.9 所示。

由图 2.9 可得出，胞元结构在平压载荷作用下，所承受的应力随载荷的增加呈线性增长。芯子直径越大，胞元承载能力越强，但胞元变形量是 d12 胞元的变形最小。当载荷作用于胞元中心位置时，胞元承受载荷的能力最大，变形也最小。随着载荷偏离中心距离越远，胞元承受能力越小，应力增长速度越快，越容易被压溃。

芯子的承载能力决定胞元结构的强度。当载荷相同时，B 型胞元承受的最大应力小于 A 型和 C 型，芯子直径越大，胞元应力增长速度越慢，越不易被破坏。受力载荷偏离中心位置越大，胞元应力增长越迅速，越易破坏，承载能力越低，中心位置受载能力最大。该结果表明，3 种胞元结构中，A 型胞元结构最易发生损坏，承载能力最差；B 型胞元结构承

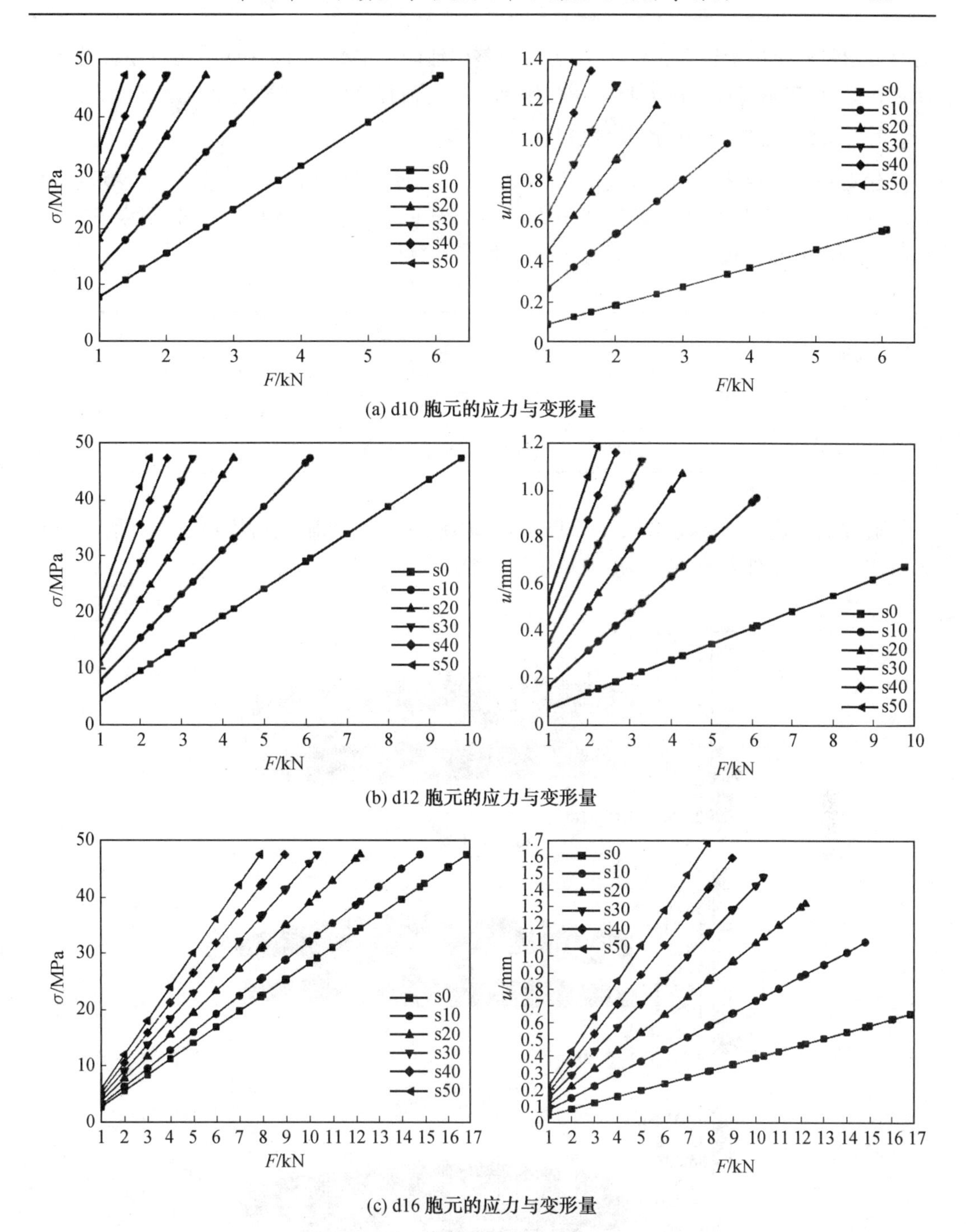

(a) d10 胞元的应力与变形量

(b) d12 胞元的应力与变形量

(c) d16 胞元的应力与变形量

图 2.9　胞元最大应力、变形量－平压载荷仿真曲线

载能力最好；C 型胞元变形量最小。当各胞元结构的芯子应力接近顺纹抗压强度极限时，A 型胞元所能承受的最大载荷为 6.069 kN，B 型胞元为 16.816 kN，C 型胞元为 9.784 kN。因此，A 型胞元结构的平压承载能力最差，B 型胞元的最强，胞元承载能力与芯子直径成正比。对于木质材料，芯子直径越大，面板上加工的孔径越大。由胞元承载能

力与变形量两个因素综合比较,C型胞元的整体性能优于A型和B型胞元。今后设计胞元结构时,可以通过改变胞元材料或使胞元一体化而提高胞元结构的平压承载能力。

2.2.2.2 面板厚度对胞元平压状态的影响

建立芯子直径相同,但面板厚度不同的 sim－D、sim－E、sim－F 3 种胞元结构。sim－D型胞元是面板厚度等于芯子直径,sim－E 型胞元是面板厚度小于芯子直径,sim－F型胞元是面板厚度大于芯子直径。仿真参数如表 2.3 所示。

表 2.3 胞元结构仿真参数

参数项	参数值		
	胞元 sim－D	胞元 sim－E	胞元 sim －F
芯子直径 d/mm	—	12	—
面板厚度 t_f/mm	12	10	16

通过仿真,在平压状态下,sim－D、sim－E、sim－F 3 种胞元结构在受力时的应力状态及变形大小如图 2.10 所示,应力单位为 MPa。

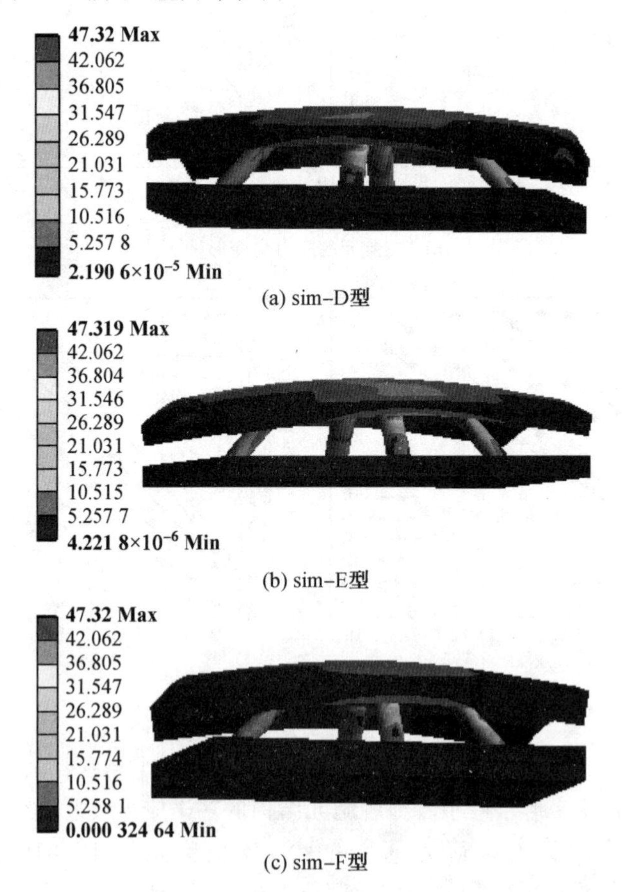

图 2.10 sim－D、sim－E、sim－F 3 种胞元结构在受力时的应力状态及变形大小

由图 2.10 可知，每种胞元结构的最大应力都位于芯子上，面板变形量大于芯子变形量。当芯子受力达到极限强度时，sim－D 型胞元压缩变形量为 3.411 mm，sim－E 型胞元压缩变形量为 4.474 mm，sim－F 型胞元压缩变形量为 2.284 mm。因此，sim－E 型胞元变形量最大，sim－F 型胞元的变形量最小。本书仿真计算了不同载荷下面板和圆棒榫的最大应力，仿真结果如图 2.11 所示。

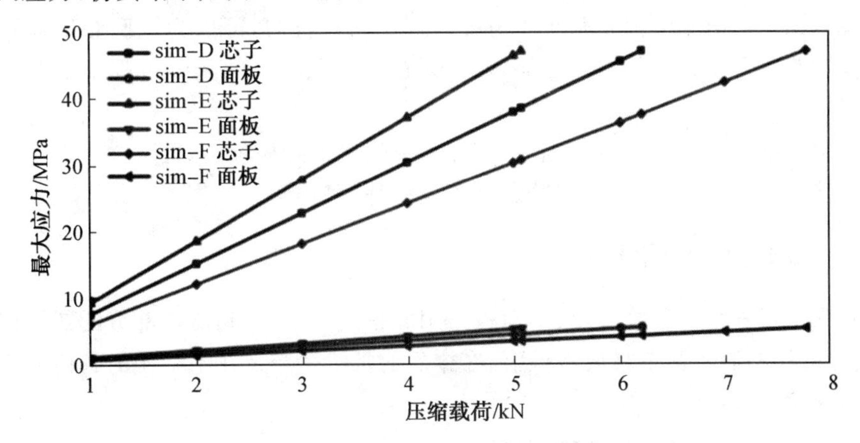

图 2.11　芯子直径相同的 3 种胞元承受的最大应力

从图 2.11 可知，当芯子应力接近顺纹抗压强度极限时，sim－D 型胞元所承受的载荷为 6.202 kN，sim－E 型胞元为 5.074 kN，sim－F 型胞元为 7.781 kN。研究结果表明，sim－E 型胞元结构的平压承载能力最差，sim－F 型胞元的最强。因此，胞元结构的平压承载能力随面板厚度的增加而增强。

2.2.2.3　仿真结果分析

通过仿真分析得出，胞元的最大应力都发生在芯子上部，与理论分析得出胞元芯子的危险点一致。在平压状态下，力主要是作用在芯子上，而且芯子直径越大，胞元的承载能力越强。胞元在受压过程中的形变主要发生在面板上，面板厚度影响胞元的变形大小及承载能力，面板越厚胞元变形越小，则胞元承载能力也会增强。

将面板厚度相同、芯子直径不同和面板厚度不同、芯子直径相同的两类胞元进行对比分析后，得出面板厚度与芯子直径相等的胞元在承受载荷能力和胞元变形两种状态下，都优于其他类型胞元。因此，将这种类型胞元制成试件进行受力性能试验测试。

芯子的承载能力决定胞元结构的强度。当载荷相同时，B 型胞元承受的最大应力小于 A 型和 C 型；芯子直径越大，胞元应力增长速度越慢，越不易被破坏。受力载荷偏离中心位置越大，胞元应力增长越迅速，越易破坏，承载能力越低，中心位置受载能力最大。该结果表明，3 种胞元结构中，A 型胞元结构最易发生损坏，承载能力最差；B 型胞元结构承载能力最好；C 型胞元变形量最小。当各胞元结构的芯子应力接近顺纹抗压强度极限时，A 型胞元所能承受的最大载荷为 6.069 kN，B 型胞元为 16.816 kN，C 型胞元为 9.784 kN。因此，A 型胞元结构的平压承载能力最差，B 型胞元的最强，胞元承载能力与芯子直径成正比。对于木质材料，芯子直径越大，面板上加工的孔径越大。由胞元承载能力与变形量两个因素综合比较，C 型胞元的整体性能优于 A 型和 B 型胞元。今后设计胞元结构时，可以通过改变胞元材料或使胞元一体化而提高胞元结构的平压承载能力。

2.3　力学试验

木材是各向异性的弹塑性材料，而仿真过程中很难将木材的各向异性、塑性变形及受力过程表示出来。仿真大都是基于木材弹性范围内进行的，可以为试验测试提供载荷力的变化范围及胞元受力时的变形趋势，但胞元在实际载荷下的受力过程及变形还需要进行试验测定。

木质胞元结构为上、下面板和芯层。面板为指接落叶松板，芯层为桦木芯子。二者采用插入胶接的方式进行连接，所用胶黏剂为改性环氧树脂。

2.3.1　原材料力学性能

木质栅格点阵结构的原料上、下面板采用的是落叶松，中间支撑部分的圆棒榫则选用桦木，这样的结构制备简单且成本低廉，在今后的批量生产及在木结构的其他应用形式中推广。

2.3.1.1　桦木圆棒榫优选及力学性能

圆棒榫是现代家具的常用组装连接配件之一，其形状像圆棒，一般由木材制造而成。圆棒榫的表面有多种形式，如光面、直纹、螺旋纹、网纹等，表面有纹的圆棒榫，因为胶水在纹槽中固化后形成较密集的胶钉，胶接作用更大，一般以螺旋纹形式的连接强度为佳，因此本试验中选用的大都是螺旋纹圆棒榫。圆棒榫在木质栅格点阵结构中起定位和固定作用，4 个圆棒榫与上、下面板内的圆孔相连接，即限制了上、下面板间的距离，在连接过程中圆棒榫与圆孔采用过渡配合，双面涂胶将其安装于孔内，并对结构进行上、中部分施压，待胶固化后，结构单元制备完成。

圆棒榫在结构中主要起支撑作用，为方便测量圆棒榫可认为是横向各向同性材料，因此在力学性能的试验过程中，主要对其测量纵向压缩测试，测试执行的标准为 ASTM：C365/C365M－11a 标准。将圆棒榫样本放在万能力学试验机的上、下压盘间夹紧并固定进行抗压强度测量。本试验中应用的圆棒榫直径为 10 mm 和 12 mm，长度均为 50 mm。

L50D10 圆棒榫和 L50D12 圆棒榫的压缩强度试验结果，如图 2.12 所示。在 0.05 的检验水平下，两种尺寸圆棒榫均符合正态分布，而且其质量与压缩强度的相关系数 R 分别为 0.370 51 和 0.612 07，均大于 R48，0.05＝0.278 71，可以认为 3 种圆棒榫的质量与压缩强度有密切的线性相关性。因此，分别选取质量范围为 1.96～2.96 g 和 3.20～3.80 g的圆棒榫作为金字塔格栅结构中的支撑部分。由表 2.4 可知，优选后圆棒榫各项性能的变异系数都明显降低，均低于未筛选的试件。优选后的圆棒榫各项性能的增强为提高模型分析的准确性奠定了基础。

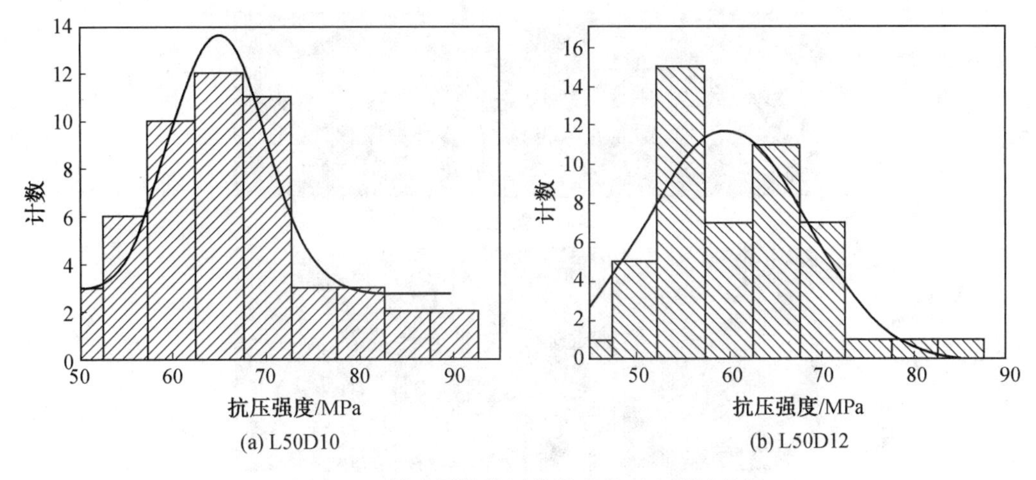

图 2.12　桦木圆棒榫压缩强度的正态测试结果

表 2.4　圆棒榫的物理和力学性能

尺寸	ρ/(g·cm^{-3})	d/mm	σ_S/MPa	E_S/MPa
L50D10	0.60	12±0.1	67.92	3 157
最优结果	0.58	12±0.1	67.63	3 326
L50D12	0.61	12±0.1	62.93	3 743
最优结果	0.61	12±0.1	63.68	3 660

注：ρ—圆棒榫密度；d—圆棒榫直径；E_S—圆棒榫杨氏模量。

2.3.1.2　指接落叶松力学性能

木质金字塔点阵夹芯结构的面板材料选用指接落叶松，其相应力学性能如表 2.5 所示。

表 2.5　指接落叶松力学性能

材料	含水率/%	ρ/(kg·m^{-3})	MOE/GPa	MOR/MPa
落叶松指接材	6.94	512.41	26.68	50.30

注：ρ—密度；MOR—静态压缩断裂模量；MOE—静态压缩弹性模量。

2.3.2　胞元制备

用圆锯机将整张落叶松指接板裁成尺寸为 185 mm×185 mm×12 mm 的面板，选用芯子直径为 10 mm、16 mm 和 12 mm，分别与面板匹配成 A、B、C 3 种类型胞元，如图 2.13所示。

胞元是根据图 2.3 设计制备的胞元结构，根据木质材料两孔中心距离 32 mm 系统规范，进行胞元结构制备。胞元类型尺寸如表 2.6 所示。

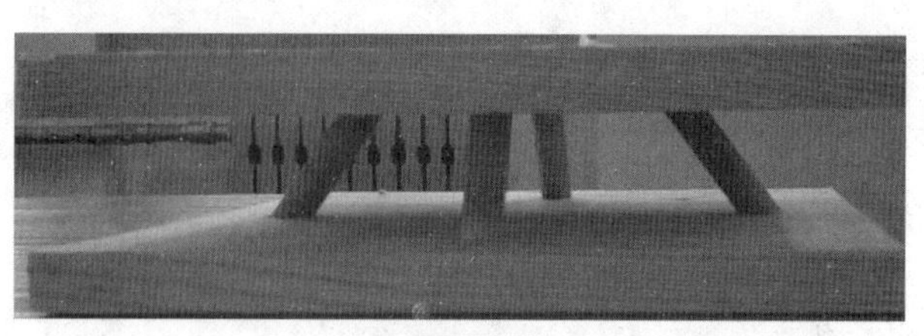

(a) A型胞元

(b) B型胞元

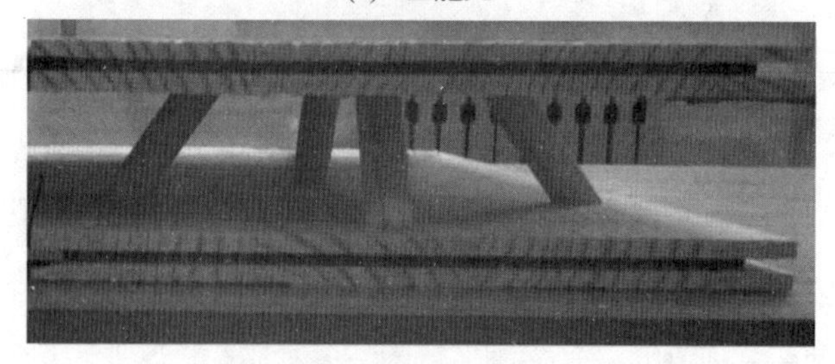

(c) C型胞元

图 2.13 木质金字塔型点阵夹芯结构胞元

表 2.6 胞元类型尺寸

类型	面板厚度 /mm	芯径 /mm	面板长度 /mm	胞元高度 /mm
A	12	10	190	58
B	12	16	190	58
C	12	12	190	58

2.3.3 胞元平压性能测试

参考《夹层结构或芯子平压性能试验方法》(GB/T 1453—2005)测定平压性能，将 3 种胞元试件分别置于万能力学试验机中进行垂直方向的压缩测试，如图 2.14 所示，加载速度为 2 mm/min。

3 种胞元的平压受力—位移曲线如图 2.15 所示。从图 2.15 中可以看出：B 型胞元承载力最大，可达18.89 kN；A 型胞元承载力最小，仅为 11.93 kN；C 型胞元承载力为 14.45 kN。A 型胞元线性度最好，但吸能性最差。

为对比分析 3 种胞元结构的平压力学性能，分别计算了 3 种胞元结构的比强度，结果如表 2.7 所示。

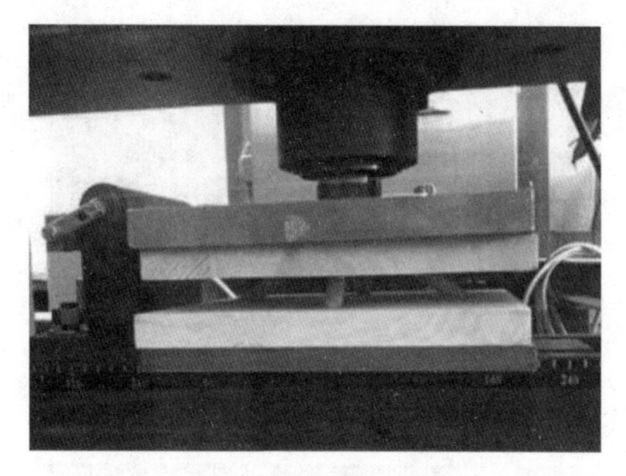

图 2.14　胞元平压测试

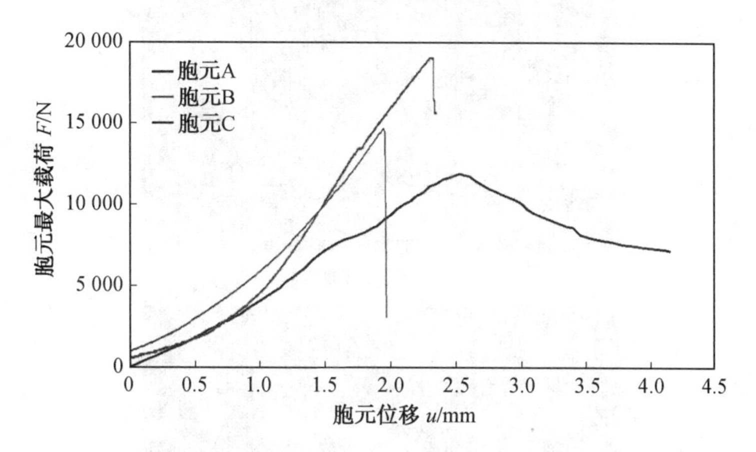

图 2.15　3 种胞元的平压受力－位移曲线

表 2.7　平压状态下胞元与其组成材料的性能对比

名称	最大载荷 /kN	极限应力 /MPa	相对密度 /(kg · m^{-3})	质量 /kg	比强度 /(kN · m · kg^{-1})
胞元 A	11.93	35.03	240.49	0.428	145.67
胞元 B	18.89	23.64	247.23	0.440	95.62
胞元 C	14.45	32.07	241.61	0.430	132.73
落叶松	—	44.20	610.00	—	72.46
桦木	—	47.32	590.00	—	80.20

由表 2.7 可知，胞元的承载能力与芯子的直径成正比，芯子直径越大，胞元承载能力越强；而胞元的比强度（极限应力与相对密度的比值）与芯子直径成反比，芯子直径越大，胞元的比强度越低。比强度是衡量材料轻质高强的一项重要指标，比强度越大，材料轻质高强性能越好。在平压状态下，胞元的受力主体是芯子，但芯子的直径并非越大越好。3 种胞元结构的比强度均高于单一材料的比强度，因此，金字塔型的木质格栅结构是生物质材料中具有较高比强度的结构。

在平压载荷作用下，3 种类型胞元的破坏形式如图 2.16 所示。

(a) A 型胞元破坏

(b) B 型胞元破坏

(c) C 型胞元破坏

图 2.16　3 种类型胞元的平压破坏

在平压载荷作用下，A 型胞元的破坏形式为面板未发生破坏，但 4 个芯子发生弯曲变形和折断，如图 2.16(a)所示；B 型胞元的破坏形式为芯子未发生变化，但上面板出现裂纹，右边裂纹贯穿整个面板，左边裂纹延伸到面板中间，如图 2.16(b)所示；C 型胞元的破坏形式为下面板开裂且芯子从根部发生折断，如图 2.16(c)所示。

对 3 种胞元结构的受力与破坏形式研究表明，芯子与面板共同承受平压载荷，承载能力随面芯比的减小而增大。当胞元结构的面芯比为 1 时，面板与芯子均发生破坏；当面芯比大于 1 时，面板强度大于芯子强度，芯子发生破坏；当面芯比小于 1 时，面板强度小于芯子强度，面板发生破坏。通过对 3 种类型胞元的理论计算、仿真分析和试验测试，可得出 C 型胞元的承载能力及比强度均介于 A 型和 B 型胞元之间，且测试曲线表现出较好的吸能性和线性度。因此,C型胞元结构相对更好,且与仿真结果相符。

2.3.4 面板材料对胞元平压性影响

2.3.4.1 材料

胞元面板厚度为12 mm,材料为刨花板、落叶松及木塑复合材料(东北林业大学自行研制);材料含水率的测量参考国际《刨花板定义和分类》(ISO820—1975),标准测定刨花板含水率为3.783 9%、指接落叶松含水率为4.316 2%。芯子的材料是桦木,是家具连接标准件,其直径为12 mm;黏合剂是J—22B / C的改性环氧树脂。通过插入胶合法将面板和芯子组装成3种类型胞元。

2.3.4.2 面板材料对胞元承载力的影响

将3种面板材料与芯子相匹配,制成3种试件。试件1的面板材料是定向刨花板OSB(Oriented Strand Board),试件2的面板材料是木塑复合材料WPC(Wood Plastic Composite),试件3的面板材料是松木(Larch)。3种试件的芯子材料都是桦木。3种试件如图2.17所示。

(a) OSB面板试件

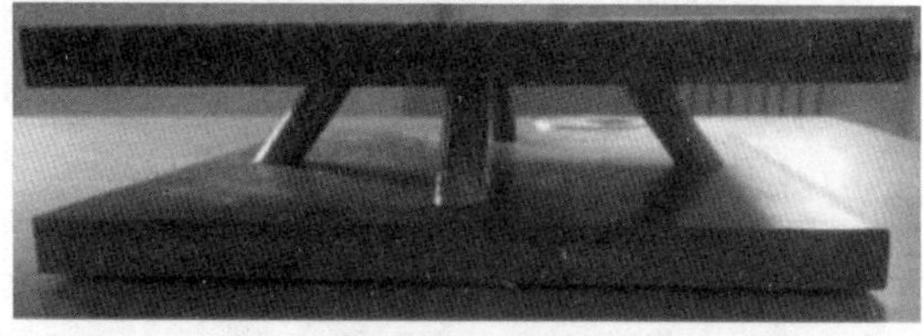

(b) WPC面板试件

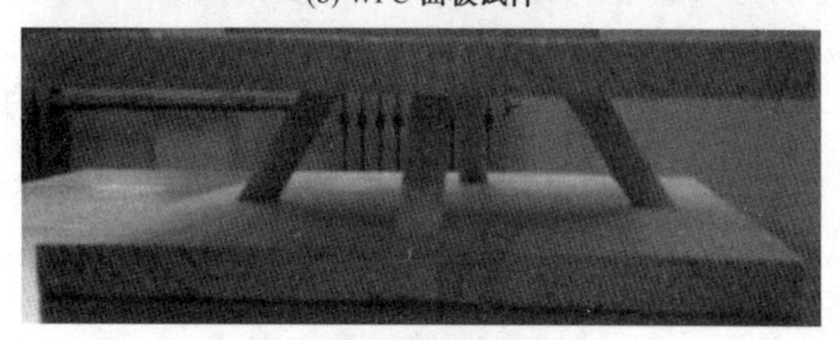

(c) 落叶松面板试件

图2.17 不同面板材料的试件

平压性能测试时,参考国标《夹芯结构或芯子平压性能试验方法》(GB/T 1453—2005),利用万能力学试验机,分别对试件进行垂直方向压缩测试,加载速度为0.5 mm/min,其曲线如图2.18所示。从曲线中可以看出,WPC面板的试件所承受荷载力最大,是14.53 kN;松木面板的试件承载力最小,是11.94 kN;OSB面板的试件承载力介于前二者之间,是12.42 kN。

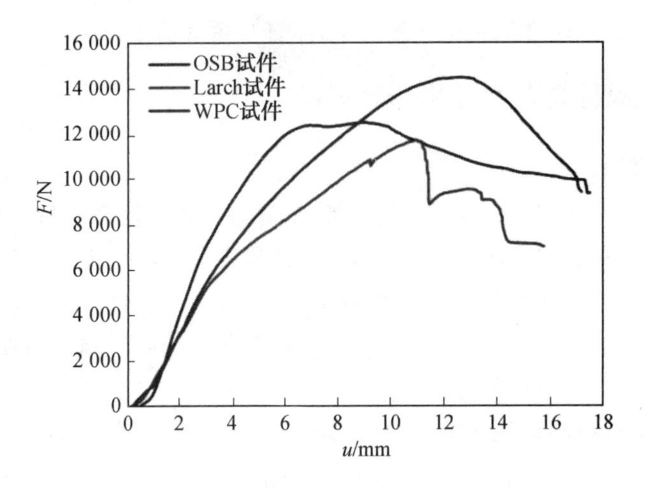

图 2.18　试件的力一位移曲线

平压状态下测量每种试件的最大承载能力，并对其进行比较分析，如表 2.8 所示。

表 2.8　3 种胞元的最大荷载数据分析

名称	最大荷载 F/kN		
	OSB 试件	WPC 试件	Larch 试件
1	12.42	14.53	14.47
2	11.09	17.06	8.96
3	12.33	15.28	10.44
4	11.68	13.57	14.53
5	13.50	14.15	11.94
平均值	12.204	14.98	12.068
标准差	0.81	1.21	2.20

WPC 面板试件的平均承载能力最大，OSB 面板试件与 Larch 面板试件的平均承载能力相接近，三者的标准差 OSB 试件最小。

取 3 种试件中最大荷载接近于平均值的一组接试件，将其组成材料及在平压状态下的承载能力进行比较分析，如表 2.9 所示。WPC 面板的试件质量最大，承载能力也最大。OSB 面板的试件质量最小，比强度最大。因此，依据试件质量、承载能力和比强度 3 个因素进行比较，得出 OSB 面板试件的性能最优。

表 2.9　平压状态下胞元与其组成材料性能对比

胞元结构	最大荷载 F /kN	极限应力 σ /MPa	相对密度 ρ /(kg · m^{-3})	质量 m /kg	比强度 σ/ρ (10^3 Nm · kg^{-1})
OSB 试件	12.42	109.87	280.045	0.489	392.33
WPC 试件	14.53	128.54	627.027	1.073	205.01
Larch 试件	11.94	103.86	274.653	0.470	378.15

胞元结构中支撑杆在节点相交的区域是决定结构完整性的关键位置。点阵胞元结构在承受外力作用时,在节点附近应力是最高的。这是由于节点处有多个支撑杆重叠,通过支撑杆传递轴向载荷时必须通过支点面积较低的节点传递;支撑杆承受拉力时相交处的横截面变化始终会导致局部应力集中。结构破坏首先从应力最高处开始扩展,因此大多数点阵结构的破坏首先都发生在支撑杆交叉处或附近。在极限载荷作用下,3 种试件的破坏状态如图 2.19 所示。在图 2.19(a) 中,OSB 试件的破坏状态为面板开裂,芯子已经弯曲变形但没被折断,这种现象说明芯子强度大于面板强度。在图 2.19(b)中,WPC 试件的破坏状态是芯子已经弯曲变形、断裂,但面板没有发生变化,这种现象说明面板强度大于芯子强度。在图 2.19(c)中,落叶松木试件的破坏状态是芯子已经弯曲变形、断裂,面板已经开裂,这种现象说明面板强度与芯子强度近似相同。因此,从试件的破坏状态看,OSB 试件的性能最优。

(a) OSB 面板试件破坏形式

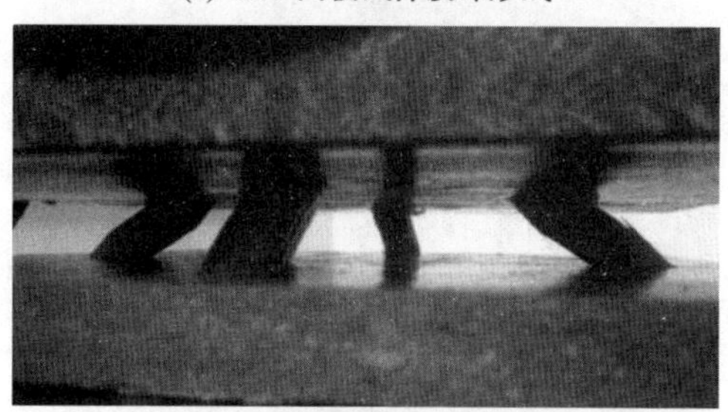

(b) WPC 试件破坏形式

(c) 落叶松试件破坏形式

图 2.19　试件的平压破坏状态

2.3.5　胞元剪切性能

2.3.5.1　胞元剪切性能测试

胞元结构剪切力学性能测试方法如图 2.20 所示。将表 2.6 所示的 3 种结构的胞元试件分别放置于剪切测试工具内。万能力学试验机加载速度为1 mm/min。实验结果如图 2.21 所示。

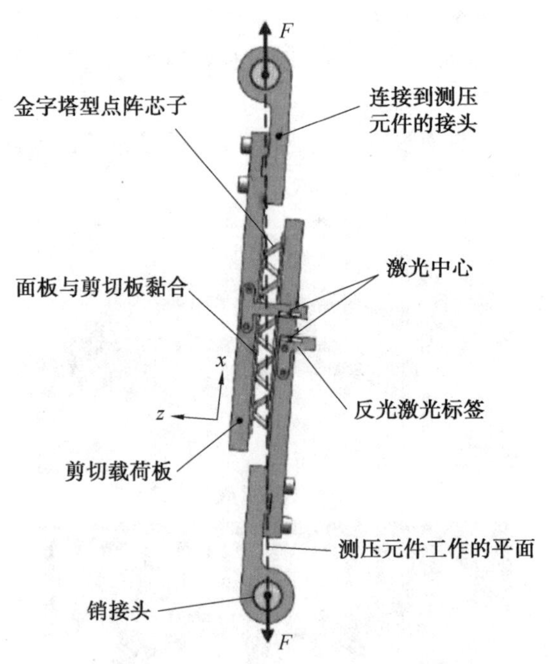

图 2.20　胞元结构剪切力学性能测试方法

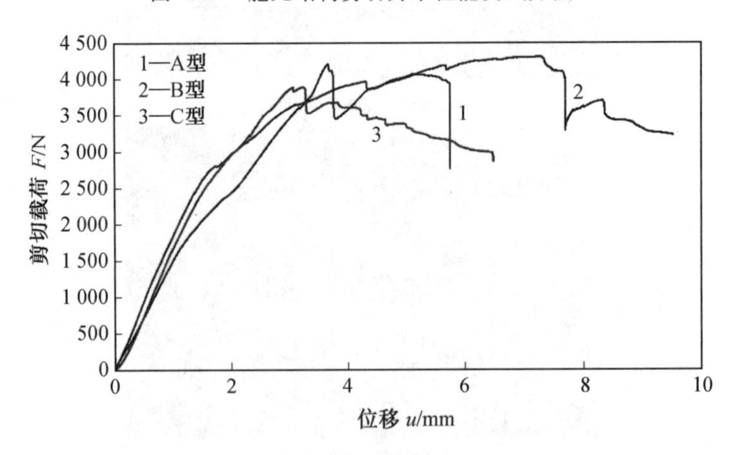

图 2.21　3 种类型胞元剪切载荷—位移曲线

由图 2.21 可见，在加载的初始阶段，3 种胞元结构的载荷—位移曲线近似线性增长，B 型胞元的承载能力最强，A 型胞元的承载能力最弱。该变化规律表明，圆棒直径大，承受剪切载荷的能力强。当位移大于 2 mm 时，胞元结构承受的剪切载荷开始出现波动现

(a) A型胞元破坏

(b) B型胞元破坏

(c) C型胞元破坏

图 2.22　3 种胞元剪切破坏形式

象,导致载荷波动的原因是圆棒榫与面板间胶层开裂所致。

为对比分析 3 种胞元结构和木材的剪切力学性能,本书计算了圆棒榫的剪应力以及 3 种胞元结构和木材的比强度,计算结果如表 2.10 所示。由表 2.10 可见,C 型胞元的剪切比强度最大,B 型胞元的剪切比强度最小,与胞元承受剪切载荷的能力不一致。承受剪切能力强不一定是抗剪综合性能最优的胞元,但 3 种胞元结构的剪切比强度均高于实体木材的剪切比强度。因此,金字塔型木质格栅结构在剪切状态下具有强度高和质量轻的优点。

表 2.10　剪切状态下胞元与其组成材料性能对比

名称	胞元 A	胞元 B	胞元 C	落叶松	桦木
最大载荷 F/kN	3.89	4.31	4.21	—	—
τ_{max}/MPa	11.47	7.15	17.88	8.83	16.32
比强度 τ/ρ(10^3 Nm · kg^{-1})	47.47	28.92	74.33	14.48	27.67

3 种胞元结构在剪切载荷作用下的破坏形式如图 2.22 所示。A 型胞元在加载过程中,破坏首先发生在圆棒榫胶接处,最后圆棒榫在根部切断但面板没有发生破坏;B 型胞元的破坏发生在面板与圆棒榫胶接处,面板开裂破坏,圆棒榫没有变化;C 型胞元在加载过程中,破坏首先发生在面板与圆棒榫胶接处,然后面板变形开裂导致圆棒榫拔出,胞元发生破坏,但面板与圆棒榫均未发生破坏。该破坏形式表明,剪切载荷作用下,破坏主要发生在胞元尺寸较小的材料上,如果胞元组成材料尺寸相同则胶层开裂胞元破坏。

2.3.5.2　胞元剪切仿真分析

仿真过程中施加的边界条件都是对胞元左侧面板下平面施以固定约束,对右侧面板的上平面施以均布面载荷,这种受力方式与试件的剪切性能测试受力方式不完全相同。仿真分析过程会使试件材料和制备过程达到最佳状态,但在剪切分析过程中试件两面板受力不能在同一条直线上。3 种类型胞元在剪切力下的应力云图,如图 2.23(a)所示。3 种类型胞元的最大剪应力都发生在图示中的最下面的圆棒榫上,且左侧面板弯曲变形远大于右侧面板。

在不同面载荷作用下 3 种类型胞元面板及圆棒榫所受最大剪应力如图 2.23 所示,应力单位为 MPa。图 2.23(a)为试件的剪切应力云图,可观察到不同类型试件受剪切载荷时,应力在试件不同位置的应力分布,便于找到试件发生破坏的危险点。从应力云图中还可以观察到试件的变形状态,可以预判试件的破坏状态。

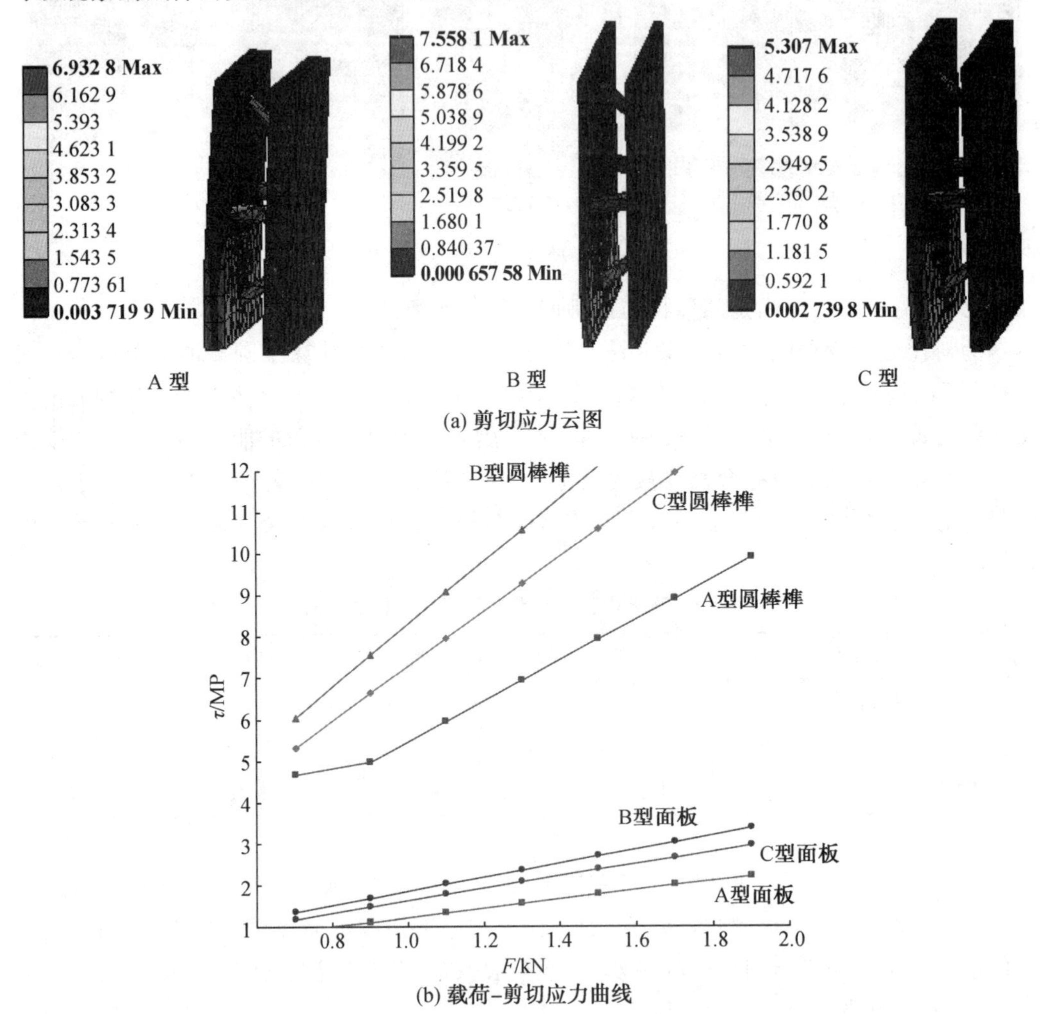

图 2.23 3 种类型胞元载荷与面板最大剪切应力

从图 2.23(b)中可以看出,3 种胞元类型在剪切状态下圆棒榫是受力主体,圆棒榫的抗剪能力决定着胞元的抗剪切能力。相同载荷作用下 B 型胞元所受剪应力最大,A 型胞元最小,C 型胞元所受剪应力处于前二者之间。当圆棒榫达到径向抗剪极限强度时,A 型胞元承载力为 1.51 kN ,B 型胞元承载力为 1.0 kN,C 型胞元承载力为 1.05 kN;则 B 型胞元承载力最小,A 型胞元承载力最大,C 型胞元与 B 型胞元相近。由此可得出,在剪切状态下胞元的承载力与面板的厚度相关,面板越厚胞元的抗剪能力就越强。

2.3.5.3 剪切性能分析

将 3 种类型胞元的试验测试结果与仿真结果对比分析,可以观察出:

(1)胞元的承载能力,B 型胞元抗剪切能力最强,A 型胞元抗剪切能力最弱,C 型胞元抗剪切能力处于二者之间。

(2)在破坏形态上,3 种类型胞元趋于一致。B 型胞元变形最小,A 型胞元变形最大。

因此,可以得出胞元的抗剪切性能与芯子直径密切相关。芯子直径越大胞元抗剪切能力越强,反之越弱。当芯子直径大于面板厚度时,芯子主要承受剪切载荷,面板易发生破坏;当芯子直径小于面板厚度时,面板主要承受剪切载荷,芯子易发生破坏,会在芯子与面板相接触处发生折断;当面板厚度与芯子直径相同时,面板与芯子共同承担剪切力,面板与芯子都会发生不同程度的破坏。

2.3.6　胞元侧压性能

2.3.6.1　胞元侧压性能测试

胞元结构侧压力学性能测试方法如图 2.24 所示。将表 2.6 所示的 3 种结构的胞元试件分别竖直放置在万能力学试验机中,试验机上、下压板共同向胞元结构施加垂直方向压缩载荷,载荷方向与木材顺纹方向相同,加载速度为 1 mm/min。实验结果如图 2.25 所示。

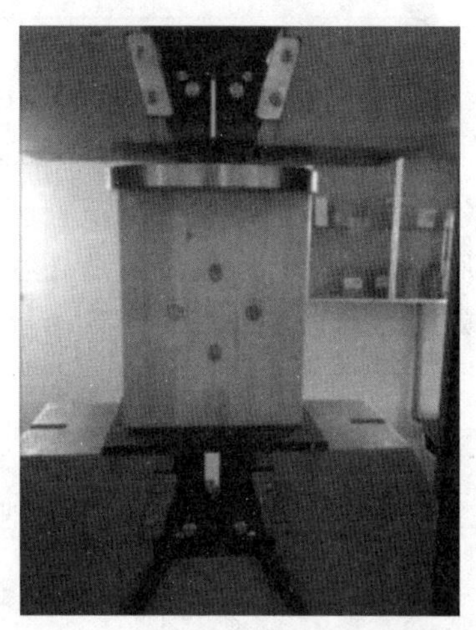

图 2.24　胞元结构侧压力学性能测试方法

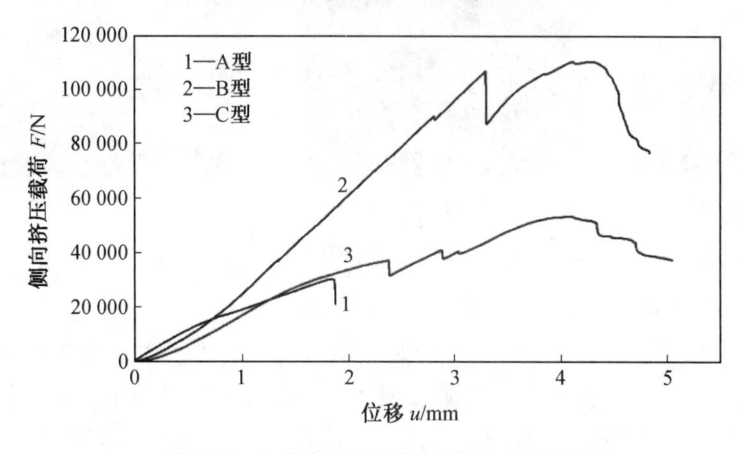

图 2.25　3 种类型胞元侧压受力—位移曲线

由图 2.25 可以观察到，3 种胞元结构中，B 型胞元结构的承载能力最强，A 型胞元结构的承载能力最弱。该研究结果表明，胞元结构的圆棒榫直径越大，承载侧压载荷的能力越强。在施加载荷的初始阶段，3 种胞元结构的载荷一位移曲线呈线性增长。随后，载荷出现波动，直至胞元结构破坏。分析导致载荷波动的原因是圆棒榫和面板间的胶层开裂所致。

为对比分析 3 种胞元结构和木材的侧压力学性能，本书计算了 3 种胞元结构的侧压强度，计算结果如表 2.11 所示。由表 2.11 可知，3 种胞元结构中，仅胞元 B 的侧压比强度高于木材的顺纹抗压比强度。该研究结果表明，通过增大圆棒榫的直径可以提高木质金字塔胞元结构的强度。

表 2.11　侧压状态下胞元与其组成材料性能对比

名称	胞元 A	胞元 B	胞元 C	落叶松	桦木
最大载荷 F/kN	30.19	110.4	53.39	—	—
σ_{max}/MPa	6.80	24.86	12.03	44.2	47.32
比强度 σ/ρ(10^3 Nm · kg^{-1})	28.28	100.55	49.79	72.46	80.20

3 种胞元结构的侧压破坏形式如图 2.26 所示。从图中可以看出，A 型胞元的破坏为圆棒榫在胶接处拔出；B 型胞元结构的最终破坏形式为面板横向折断且圆棒榫完好，折断位置均位于圆棒榫与面板的胶接处附近；C 型胞元为面板顺纹方向劈裂且裂纹先从面板材料的指接处开始。该实验研究结果表明，面板为胞元结构的主要承载对象，在加载过程中圆棒榫位置随面板高度的减小而降低，应力集中导致面板与圆棒榫胶接处产生断裂破坏。

(a) A型破坏

(b) B型破坏

(c) C型破坏

图 2.26　3 种胞元结构的侧压破坏形式

2.3.6.2　胞元侧压性能仿真分析

侧压仿真过程中施加边界条件为 3 种胞元类型的左右面板下平面施以固定约束，对左右两侧面板的上平面施以均布面载荷，3 种类型胞元侧压云图，如图 2.27 所示。从图 2.27(a)中可以看出，B 型胞元弯曲变形最大，C 型次之，A 型最小，即面板的弯曲变形程度与面板厚度成正比,面板越厚弯曲变形越小;3种类型胞元的最大应力都发生在图中所示最下端的圆棒榫上,位置是面板与圆棒榫相接触处。

3种胞元在侧压状态下承压的主体是面板,但面板所受应力小于圆棒榫上的应力,胞元施加载荷与所产生应力,如图2.27(b)所示。圆棒榫达到顺纹抗压极限强度时,A型胞元承载力约为170 kN,B型胞元承载力约为143 kN,C型胞元承载力约为161 kN。则B型胞元承载力最小,A型胞元承载力最大,C型胞元与A型相近。由此可得出,A型胞元承受载荷能力最大,B型胞元承受载荷能力最小,C型胞元处于二者之间。即在侧压状态下胞元的承载力与面板的厚度相关,面板越厚胞元的承载力就越强。

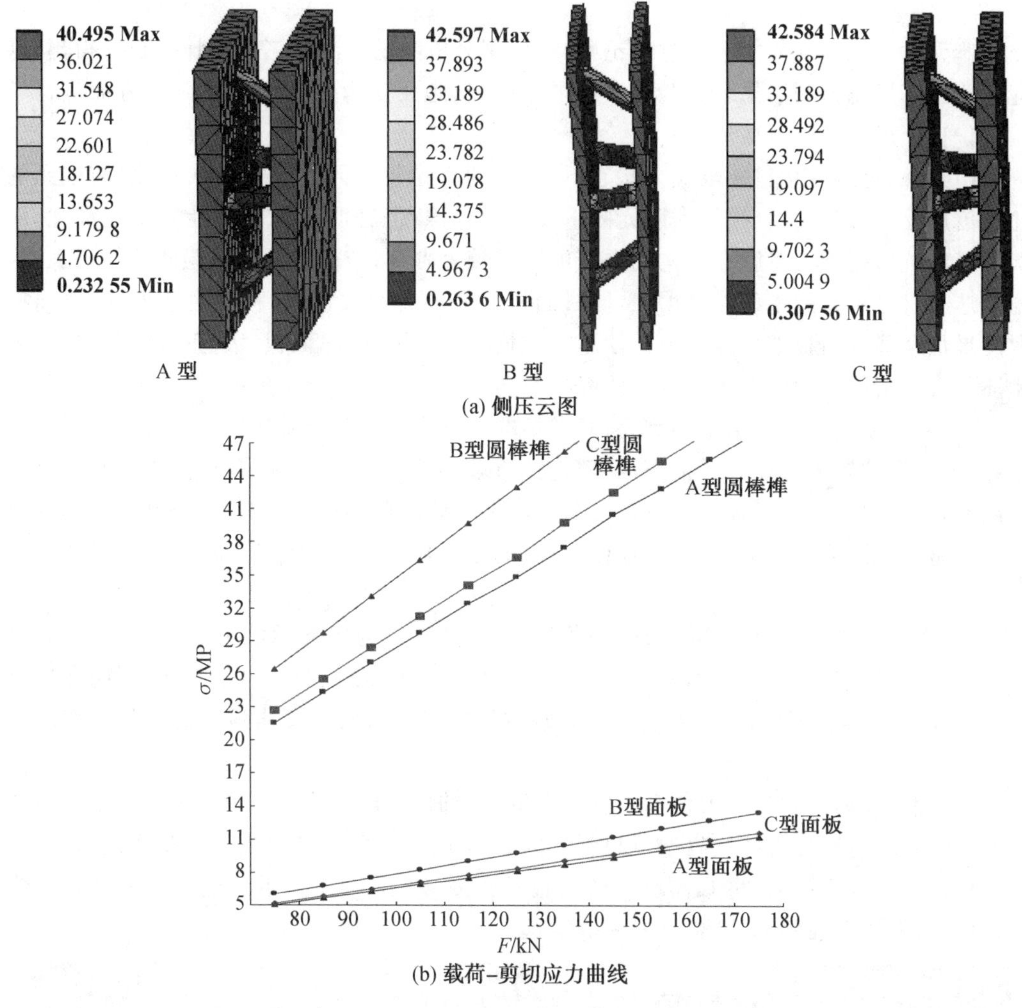

图2.27 3种类型胞元载荷与面板最大侧压应力图

2.3.6.3 侧压性能分析

将3种类型胞元的试验测试结果与仿真结果对比分析,可以观察出:

(1)胞元的承载能力:A型胞元抗侧压能力最强,B型胞元抗侧压能力最弱,C型胞元抗剪切能力处于二者之间。

(2)在破坏形态上，B 型胞元试验测试时破坏最大，仿真分析时也是 B 型胞元变形大。A 型胞元试验测试时破坏最小，仿真分析时也是 A 型胞元变形小。因此，可以得出胞元的抗侧压性能与面板上钻孔直径大小密切相关。面板上钻孔直径越小胞元抗侧压能力越强，反之越弱。当面板上钻孔直径大于面板厚度时，面板破坏从孔径处开始扩展，直至面板折断；当面板上钻孔直径小于面板厚度时，面板在孔径处产生裂纹，面板指接处也会发生破坏。

2.4 小　结

胞元类型承受载荷能力通过理论预测、仿真分析与试验测试三者对比分析可得出，胞元主要破坏形态预测结果与试验测试结果相符，从胞元受力与变形程度两个方面进行了结构优选。可得到以下结论：

(1)在满足组成材料极限应力状态下，芯子的直径与胞元的承载力成正比，与胞元的比强度成反比，即芯子直径越大胞元的平压能力越强，但轻质高强的性能并不是最优；面板强度和抗劈裂能力对胞元结构的平压能力有较大影响；仿真分析与试验测试结果表明，增大芯子直径胞元的承载能力增强，同时面板的变形会增大，破坏程度也会提高，而面板厚度增加会降低面板破坏程度但会使胞元质量增加。因此，厚面板、大直径芯子且轻质的木质复合材料胞元构型是我们今后研究的方向。

(2)生物质点阵夹芯结构的胞元，其破坏的状态主要是芯子受压后发生弯曲变形直至断裂，且断裂位置大都在芯子根部，与理论分析破坏位置是一致的；不同材料的面板分层或断裂，与有限元仿真面板弯曲变形一致；试验测试表明，平压状态下，OSB 生物质复合材料的胞元比强度大于落叶松木质材料自身的胞元比强度，符合质轻高强的工程材料特点。

(3)在满足小于组成材料极限应力条件下，芯子直径与胞元承载力成正比，与胞元比强度成反比，即芯子直径越大，胞元的平压能力越强，但轻质高强的性能并非最优；在平压状态下，3 种类型胞元的比强度均高于组成材料的比强度，属于高比强度的自然生物质材料构型。

(4)理论计算为胞元受力仿真及制备提供了依据，但理论计算结果大于仿真结果和试验测试结果。仿真分析能较好地反映胞元的破坏状态，但仿真结果低于试验测试值。

根据以上分析结果，将 C 型胞元的三胞元连接，如图 2.28 所示。该结构具有大孔隙率，可用于轻质高强的木质梁、坡屋面等结构。

图 2.28　三胞元连接

第3章 装配式木质金字塔型点阵夹芯结构与性能分析

点阵夹芯结构由于具有较高的强度和刚度重量比，是一种高效的承载体系，被认为是最有前途的先进轻质材料结构形式，是轻量化设计的独特推动者。点阵夹芯结构广泛应用于航空航天、船舶、汽车等需要高刚度、高抗弯刚度的轻量化结构中。木材作为天然材料，由于它具有质量轻、刚度大、耐火性好的特点，被广泛应用于各种结构中。将点阵夹芯结构应用于木结构中形成木质基点阵夹芯结构，它除了具有木结构的优良性能外，还具有较大的互连空间，在互连空间中填加功能材料可以实现生产、设计和功能的一体化。因此，木质点阵夹层结构可以实现建筑材料的轻量化、高强度和多功能，是未来建筑结构的发展方向。

点阵夹芯结构已经成为人们研究的热点。基于轻质高强、高孔隙率、大空间的设计理念，研究者们已将研究领域扩展到木质或木质基复合材料。研究者们从芯子数量、面板材料两个方面研究了点阵夹芯结构的承载能力，从芯子与面板的构型方面研究了结构形式对点阵夹芯结构平压性能的影响。当芯子直径、材料、数量和面板材料都相同的情况下，面板厚度与试件构型对试件性能影响较大，芯子与面板之间夹角对试件承载能力影响较小。当芯子的直径、材料和数量相同，面板材料的密度决定了试件平压性能，芯子与面板间的夹角及试件结构的构型对试件平压性能影响较小。面板厚度和材料密度越大则试件平压性能越好，但也不是越大越好，若面板厚度和材料密度远大于芯子时，试件的承载能力和平压性能反而下降。

将点阵夹芯结构应用于木结构中，可以减少木建筑质量和降低木材使用量，因此人们一直致力于将点阵夹芯结构应用于现代木建筑结构中。以往的研究，对夹芯结构的芯部受力分析较为详细，但也存在一些问题。首先，对面板的受力研究还不够全面和深入；其次，所研究的试验试件尺寸较小与建筑结构组件尺寸差距较大；再者，试件结构和尺寸不能更改。针对以上问题，本书根据木材生长的地域和木材密度相近原则，选用落叶松指接材和桦木材作为点阵夹芯结构的原材料。落叶松指接材做面板，桦木材做芯子，通过插入胶合的方法制备金字塔点阵夹芯结构的胞元，再采用榫槽拼接的方法将胞元拼接成不同结构形式和尺寸的试件。通过研究木质金字塔点阵夹芯结构的力学性能，实现劣材优用，这对木材资源的利用及生物质工程材的应用将具有实际意义。

这项研究的概要如下：首先，利用万能力学试验机对落叶松指接材和桦木材的力学性能进行了研究。其次，以落叶松指接材为面板材料，桦木为芯材，采用插入胶合法和榫槽拼接的方法，设计制造了预制二维木质金字塔格构桁架夹芯结构。第三，通过试验研究了木质金字塔网架夹芯结构和胶合板贴面增强网架夹芯结构的压缩性能。最后，对结构等效抗压强度、等效压缩模量、比强度和荷载质量比进行了综合评价。

3.1 试件结构形式

由二维点阵夹芯结构胞元可以形成装配式 2－D 木质金字塔点阵夹芯结构 3 种构成形式，如图 3.1 所示。

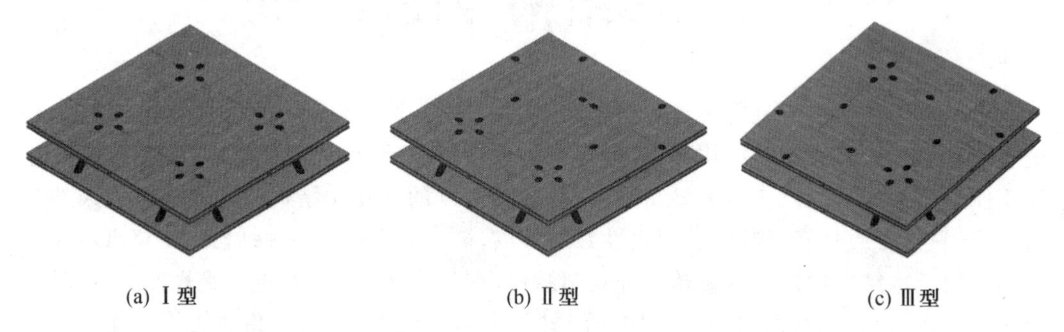

图 3.1 装配式 2－D 木质金字塔点阵夹芯结构 3 种构成形式

从图 3.1 可以看出，胞元是结构的核心。胞元间采用榫槽拼接法将多个胞元拼接成不同结构形式和大尺寸的试件。试件可以形成网架、空心板、梁、柱等多种结构形式，与现在大力发展的装配式木结构一致，并可依据应用需求更改胞元尺寸，扩大其应用范围。

3.2 试　　验

3.2.1 原材料力学性能

试件中面板是落叶松指接材，芯子为桦木。为研究试件的力学性能，首先对试件中胞元的构成材料进行力学性能试验，结果见表 3.1。根据 ASTM C365 标准，平面压缩试验使用万能力学试验机(型号 WDW－50，长春科新试验仪器有限公司，中国)。

表 3.1 原材料力学性能

材料	含水率/%	ρ/(kg · m^{-3})	MOE/GPa		MOR/MPa	
			压缩	弯曲	压缩	弯曲
落叶松指接材	6.94	512.41	26.68	3.69	50.30	78.86
桦木芯子	5.99	580.554	51.47	0.69	50.28	54.76

3.2.2 结构制备

本书前期采用 3D 机打印了多种胞元模型，对芯子直径(d)、芯子与面板夹角(φ)和面板厚度(t_f)3 个因素对胞元压缩性能的影响进行了研究。当 d 分别取 10 mm、12 mm、16 mm，φ 分别为 45°、52°、60°，t_f 分别为 10 mm、12 mm、20 mm 时进行测试，得出芯子直径与面板厚度相同并且芯子与面板的夹角为 52°时，胞元结构的承载能力为最大，胞元结构的吸能性最好，此时胞元结构破坏形式为芯子蠕变断裂。因此，本书中试件的芯子与面板夹角为 52°。

落叶松指接材是轻型木结构的重要构件之一。落叶松在中国东北和俄罗斯远东地区分布广泛，是力学性能优良的结构用材。桦木材耐寒、速生、力学强度大，胶合性能良好，多以夹板形式使用。落叶松指接材是从哈尔滨大发木业公司采购的。桦木芯子是从黑龙江省曙光农场木材厂购买。环氧树脂胶由中国哈尔滨黑龙江省科学院岩石化学研究所获得。

试件中的胞元采用插入胶合法制作。上、下面板用台钻钻孔。芯子插入面板的孔中，采用环氧树脂胶黏接固定，形成试件的结构胞元。试件中胞元之间的连接采用榫槽拼接的方式，即在胞元的上、下面板的槽中灌以环氧树脂胶后，将拼接条镶嵌其中，胶合剂固化后，使各个胞元稳固连接，形成多胞元试件。用于本试验的试件尺寸为 380 mm×380 mm×58 mm，每种类型试件测试数量为 5 个。

3.2.3 测试结果

木质金字塔型点阵结构胞元间的连接形式采用榫槽拼接的方法。在胞元的上、下面板都开有尺寸相同的榫槽，在榫槽中均匀涂抹环氧树脂胶黏剂，选用与榫槽尺寸相匹配的连接片将多个胞元连接起来，形成装配式 2－D 木质金字塔点阵夹芯结构试件。这种预装方式可以根据工程实际应用需要改变试件尺寸。在点阵夹芯结构试件平压性能测试中最薄弱的环节即为两胞元连接处。对试件进行连接处榫片受力性能测试时，选择试件左右两胞元结构相反放置，为明确破坏状态取两个拼接胞元进行受力试验，图 3.2 所示为在试件连接处进行平压测试。

图 3.2　在试件连接处进行平压测试

两胞元连接处的木榫片是受力的主要承载体，万能力学试验机以 2 mm/min 速度进行对试样加载，破坏状态如图 3.3 所示。试件两胞元连接处的木榫片断裂，且出现了右侧胞元外侧圆棒榫与下面板分离，这是由于试件受压时上面板承受的是拉伸载荷，在抵抗变形时外侧圆棒榫与下面板间的胶接力小于不断施加的拉伸载荷，因此圆棒榫与下面板脱胶分离。而左侧胞元离木榫片最近的圆棒榫对不断增大的外施压力先是抵抗变形，然后是圆棒榫与上面板接触处破坏产生裂纹，上面板的裂纹随外施压力的增加而不断增大，直至上面板破坏且圆棒榫断裂。试件受力变形直至破坏的受力曲线如图 3.4 所示，试件最大平压力为 52 kN。

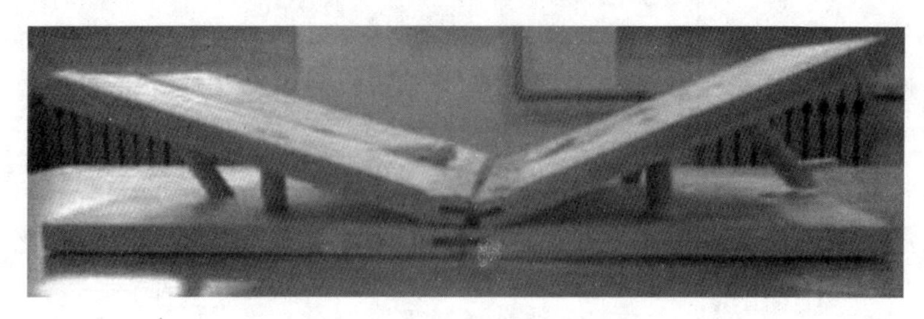

图 3.3　试件连接处破坏状态

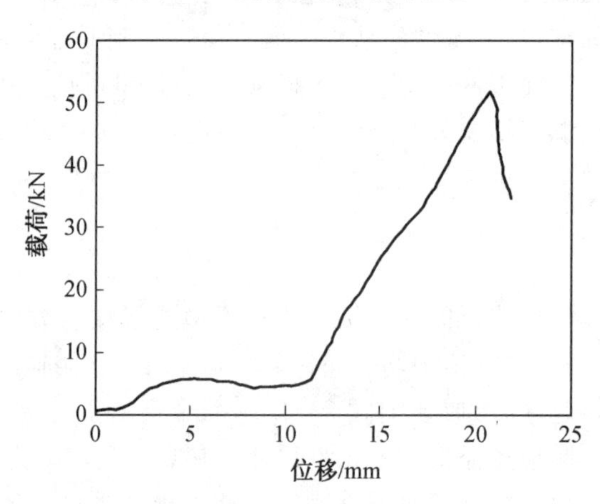

图 3.4　试件连接处受力曲线

3.2.3.1　平压试件破坏模式

将试件放置于万能力学试验机水平工作台上，在试件上面放置自制水平压板，压板尺寸为 440 mm×424 mm×30 mm，密度为 7.86 g/cm³。以 1 mm/min 的加载速率对试件施加压缩载荷进行平压试验。图 3.5 为点阵夹芯结构破坏图。

如图 3.5 所示，Ⅰ型试件的破坏形式为下面板在胞元连接处隆起，芯子与面板相接处下面板开裂，芯子在根部折断，芯子劈裂以及芯子从上面板中拔出。Ⅱ型试件的破坏形式为下面板在胞元连接处分离，芯子与面板相接处下面板开裂，芯子从上面板中拔出，芯子周围的面板破坏。芯子折断的位置不在芯子根部，而是从根部往中间部分上移。Ⅲ型试件的破坏形式为芯子折断位置分别在根部，偏离根部及在中间部分折断，芯子与面板相接处面板破坏，但试件整体完好。

3 种类型试件被破坏的共同点是，芯子在根部折断，芯子与面板相接处下面板开裂。面板破坏主要是下面板的顺纹劈裂。这是由于下面板的体积和边界效应，不能完全限制芯子的变形，因此被破坏。

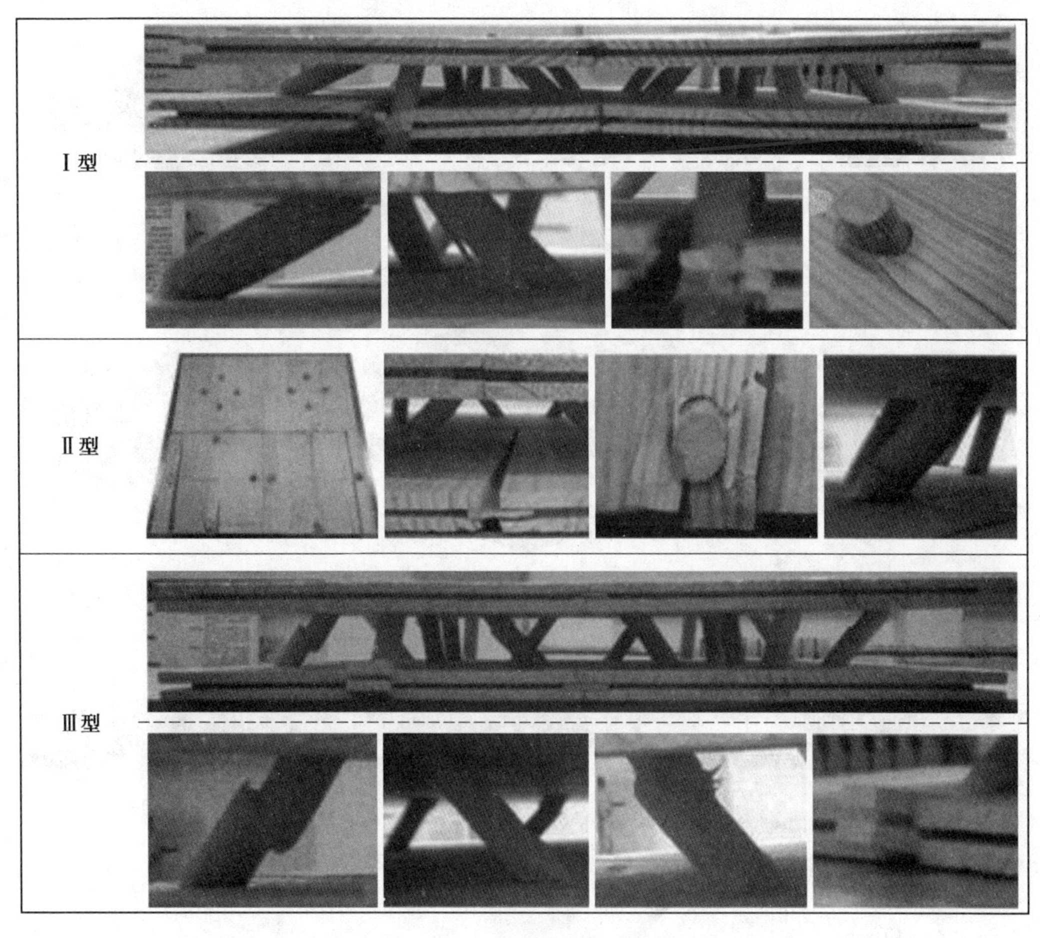

图 3.5　点阵夹芯结构破坏图

3.2.3.2　面板增强

由Ⅰ型、Ⅱ型和Ⅲ型 3 种类型试件面板的破坏形式可以得出，试件在承受载荷时，面板与芯子之间相互挤压；面板不仅固定芯子，同时还起到将承载力传递到芯子的作用。依据 June-Sun、H wang 和李帅等学者的研究得出面板的力学性能对试件平压强度有显著影响。为了提高试件的平压强度，使用环氧树脂胶，在原试件的上面板的上部和下面板的下部分别粘贴厚度为 5 mm 的胶合板，以起到加固面板的作用。具有加固面板的点阵夹芯结构如图 3.6 所示。

试件的增强面板是尺寸为 380 mm×380 mm×5 mm 的胶合板薄板，在与试件的上、下面板相黏结时，保持胶合板纹理与上、下面板的纹理相一致。施加 0.5 MPa 压力，将试件固化 24 h。将Ⅰ、Ⅱ、Ⅲ型试件的上、下面板分别粘贴增强板后，其各自编号分别为 RⅠ、RⅡ、RⅢ。面板增强型试件结构如图 3.7 所示。

对Ⅰ型、Ⅱ型、Ⅲ型、RⅠ型、RⅡ型和 RⅢ型 6 种试件进行平压测试的力－位移曲线如图 3.8 所示。

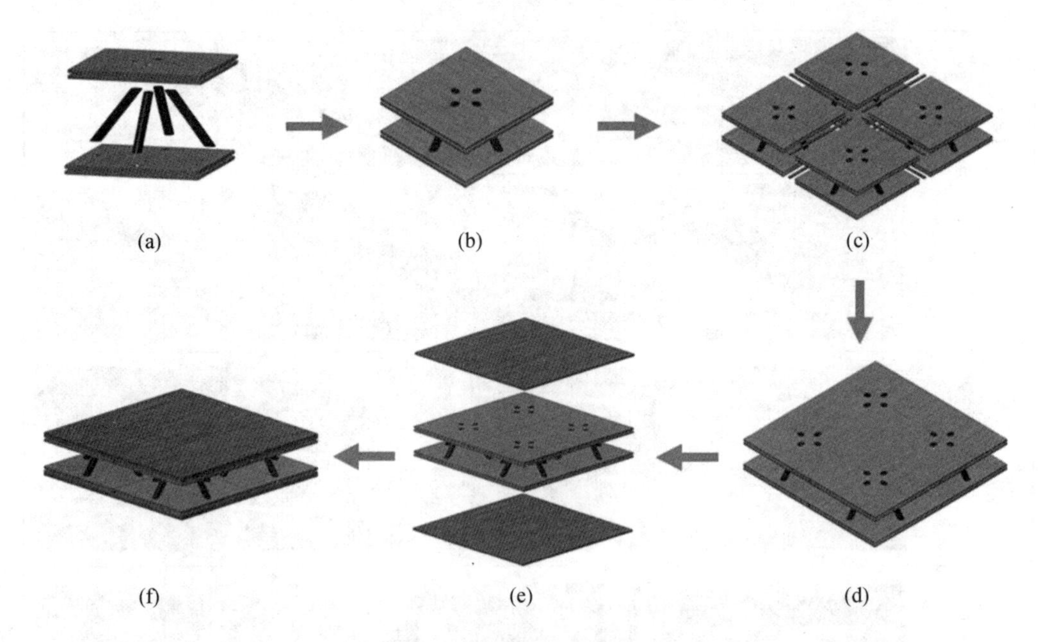

图 3.6　具有加固面板的点阵夹芯结构

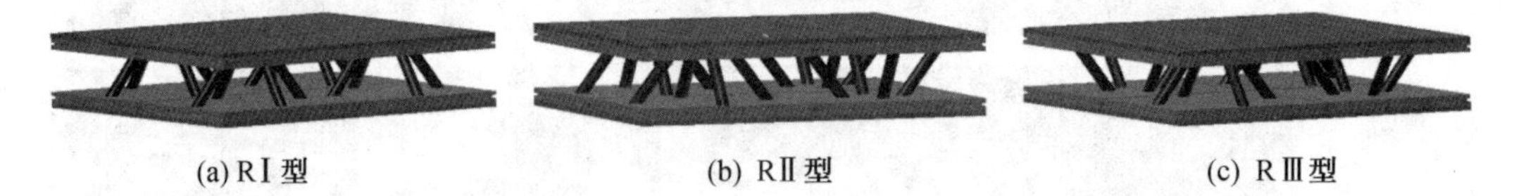

图 3.7　面板增强的装配式 2－D 木质点阵夹芯结构构型

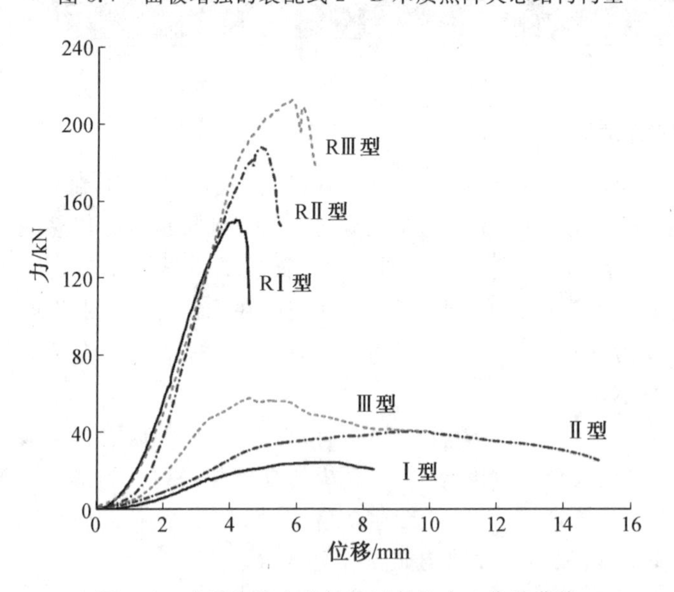

图 3.8　木质点阵夹芯结构试件的力－位移曲线

从图3.8中可以观察到，Ⅰ型、Ⅱ型和Ⅲ型试件所承受的最大载荷分别为24.07 kN、39.48 kN和58.24 kN。面板增强型试件RⅠ型、RⅡ型和RⅢ型所承受的最大载荷分别为152.87 kN、187.48 kN和212.14 kN。具有面板增强的试件比没有面板增强的试件承载能力分别提高了6.35、4.75和3.64倍。面板增强型试件的破坏形式如图3.9所示。试件的破坏形式表现为增强面板被破坏、上下面板开裂和芯子被折断。

(a) 增强面板被破坏

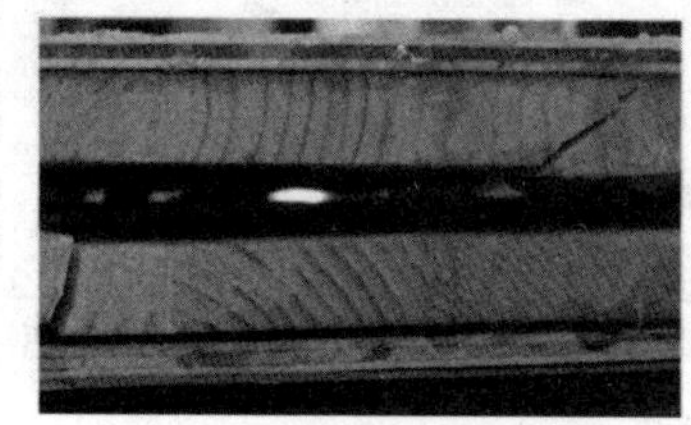
(b) 上下面板开裂

(c) 芯子被折断

图3.9 面板增强型试件的破坏形式

优质的结构材料应具有较高的比强度。比强度越高表明达到相应强度所用的材料质量越轻。建筑结构材料不仅要承受外部荷载，还需要承受自身的重量。比强度是衡量建筑材料是否轻质、高强的指标。比强度是指单位体积单位质量的强度，其值等于材料在断裂点的强度与表观密度之比。比强度σ_{ss}为

$$\sigma_{ss}=\frac{F}{a^2\rho_{aa}} \tag{3.1}$$

式中，σ_{ss}表示比强度；F表示外部施加载荷；ρ_{aa}表示装配式木质点阵夹芯结构的表观密度。

载荷质量比定义为

$$\lambda=\frac{F_{max}}{m} \tag{3.2}$$

式中，λ表示载荷质量比；F_{max}表示点阵夹芯结构的最大承载能力；m表示点阵夹芯结构的质量。

装配式2D木质金字塔点阵夹芯结构的6种试件(numbered Ⅰ－Ⅲ，RⅠ－RⅢ)分析比较如图3.10所示。

当试件承载面积相同时，面板增强型试件的压缩强度、压缩模量、比强度和载荷质量都明显高于非增强型试件。面板增强型试件中RⅢ型试件的值最大，RⅠ型试件的值最小。非面板增强试件中是Ⅲ型试件的值最大，Ⅰ型试件的值最小。相对于非增强型试件，增强型试件的压缩强度高出5～8倍，压缩模量高出5～14倍，比强度高出3～5倍，载荷质量比高出2～5倍。对于具有面板增强的试件，可以得出，它的面板承载能力及面板和芯子间的结合能力得到了提高，从而试件的整体平压性能得以提高。试件中胞元的不同排列形式对试件的平压性能有较大的影响。

郑腾腾等研究者采用WPC、GFRP、OSB和Birch四种材料组合制备的双X型点阵列夹层结构，其比强度分别为8.22×10^3 N·m·kg^{-1}、27.32×10^3 N·m·kg^{-1}、27.40×10^3 N·m·kg^{-1}、29.90×10^3 N·m·kg^{-1}、44.31×10^3 N·m·kg^{-1}、55.83×10^3 N·m·kg^{-1}。李帅等采用桦木芯子与杨木单板制备的木质点阵夹层结构，其比强度分别为37.33×10^3 N·m·kg^{-1}、54.7×10^3 N·m·kg^{-1}、61.88×10^3 N·m·kg^{-1}。郝

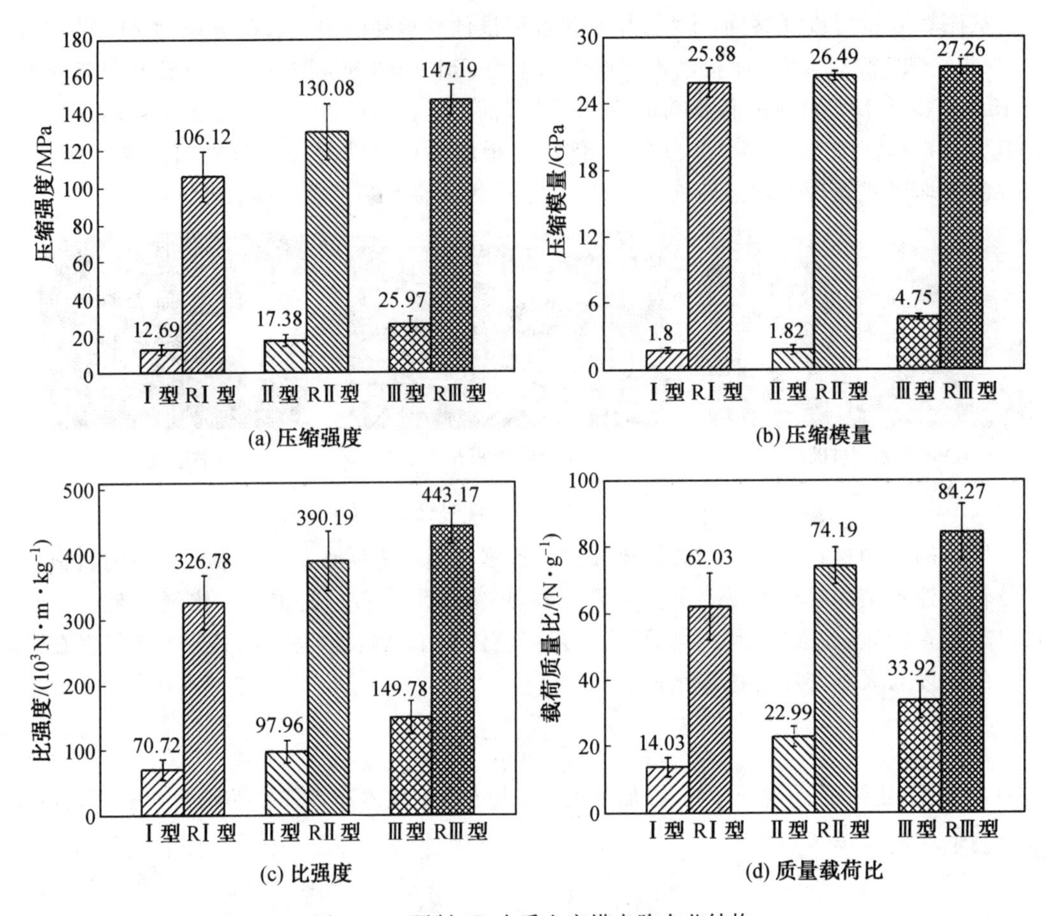

图 3.10　预制 2D 木质金字塔点阵夹芯结构

美荣等研究者制备的天然纤维基点阵圆结构的载荷质量比为 79.323 N/g，张国旗等研究者的方法应用玻璃纤维和碳纤维制备了网格柱结构的载荷质量比，分别为 47.23 N/g 和 69.35 N/g。本研究中的面板增强型试件的比强度、载荷质量比都高于这些结构。因此，装配式木质金字塔点阵夹芯结构有着较为优良的平压性能。

3.3　理论分析

3.3.1　芯子受力分析

试件在平压状态下的承载能力是由面板、芯子、面板与芯子间的结合强度及胞元间的结合强度共同决定的，芯子是结构受力的主体。芯子在平压状态下进行受力分析的前提是，假设面板和芯子固定连接，面板能够限制芯子位移，面板和芯子间没有相对位移。木材是弹塑性材料，为了便于力学分析，本书假设芯子为线弹性状态且为各向同性。试件包含 N 根芯子，在平压载荷 F 作用下，单根芯子受力分析，如图 3.11 所示。

假设芯子的 Z 方向在力的作用下位移为 Δ，横向位移和转角都为 φ，则芯子上的轴向

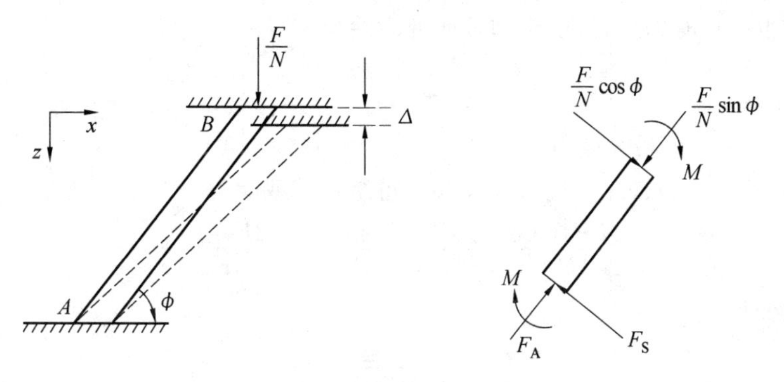

图 3.11　单根芯子受力分析

力 F_A和法向剪力 F_S是

$$F_A=E_C\pi\left(\frac{d}{2}\right)^2\frac{\Delta\sin\varphi}{l} \tag{3.3}$$

$$F_S=\frac{12E_{MC}I\Delta\cos\varphi}{l^3} \tag{3.4}$$

式中，E_C表示芯子的压缩模量；Δ 表示芯子在 Z 方向的位移；E_{MC}表示芯子的弯曲模量；I 表示芯子截面惯性矩。

Z 方向$\dfrac{F}{N}$表示为

$$\frac{F}{N}=F_A\sin\varphi+F_S\cos\varphi \tag{3.5}$$

式中，N 为试件中包含的芯子数量。

芯子的受力状态为芯子上端受到的压应力与下端受到的拉应力大小相等。芯子的轴向应力为

$$\sigma_A=\sigma_B=\frac{E_C\Delta\sin\varphi}{l} \tag{3.6}$$

芯子的剪切应力为

$$\tau_s=\frac{12E_{MC}I\Delta\cos\varphi}{Al^3} \tag{3.7}$$

式中，A 表示芯子横截面积。

作用于芯子上的弯矩为

$$M=\frac{6E_{MC}I\Delta\cos\varphi}{l^2} \tag{3.8}$$

式中，M 表示弯矩。

弯矩产生的最大应力为

$$\sigma_{M\max}=\frac{3E_{MC}I\Delta\cos\varphi}{l^2} \tag{3.9}$$

在平压载荷作用下，作用在芯子上的应力为轴向应力 σ_A、剪切应力 τ_s 和弯矩 $\sigma_{M\max}$三者总和。作用于芯子上的最大应力为

$$\sigma_{\max}=\sigma_A+\sigma_{M\max}+\tau_s=\frac{E_CAl^2\Delta\sin\varphi+3E_{MC}AIl\Delta\cos\varphi+12E_{MC}I\Delta\cos\varphi}{Al^3} \tag{3.10}$$

结构发生破坏时的位移，由李帅等研究者给出

$$\Delta=\frac{\sigma_{\mathrm{Cmax}}}{\sigma_{\max}} \tag{3.11}$$

式中，σ_{Cmax}表示芯子的最大应力。

将式(3.3)、(3.4)、(3.7)代入式(3.5)，得结构承载能力

$$F=\frac{N\cdot A\cdot\sigma_{\mathrm{Cmax}}(E_{\mathrm{C}}Al^{2}\sin^{2}\varphi+12E_{\mathrm{MC}}I\cos^{2}\varphi)}{Al^{2}E_{\mathrm{C}}\sin\varphi+3E_{\mathrm{MC}}IAl\cos\varphi+12E_{\mathrm{MC}}I\cos\varphi} \tag{3.12}$$

结构的变形量

$$\varepsilon=\frac{\Delta}{(l-2t_{\mathrm{f}})\sin\varphi} \tag{3.13}$$

理论计算出试件结构承载能力为78.04 kN。

对于面板非增强型试件，理论计算值(78.04 kN)高于试验测量值。这是由于理论计算值是在试件的理想受力状态下得到的，没有考虑到试件胞元内的芯子与面板及试件胞元之间的实际连接所带来的误差，因此导致试件的承载能力理论值高于试验值。

对于面板增强型试件，理论计算值(78.04 kN)低于试验测量值。这是由于理论计算时只考虑了芯子的承载能力，而没有计算面板的承载能力及胞元间的作用力。因此，理论计算值小于面板增强型试件的试验测量值。

依据芯子的受力分析可知，芯子两端及中心处存在危险点，在极限载荷作用下会发生压缩弯曲和破坏。面板与芯子固定连接，当试件处于平压载荷时，面板承受到来自于芯子的集中载荷的反作用力。当压缩载荷逐渐增加时，试件的破坏从芯子两端开始。随着试件变形持续增加，面板孔周围的应力也逐渐增大，直至面板破坏。

3.3.2 面板受力分析

试件在平压载荷作用下，面板起到固定作用，并使力在芯子间进行传递。依据李帅等研究者的研究结果表明，面板的机械性能对试件压缩极限强度有显著影响。芯子受到轴力F_{A}、剪力F_{S}和弯矩M的共同作用。在图3.12(a)中，将剪力F_{S}分解为垂直向下的压力F_{Sr}和平行于面板的水平力F_{Sa}。轴力F_{A}分解为垂直向下的压力F_{Ar}和平行于面板的水平力F_{Aa}。F_{Sr}和F_{Ar}方向相同，可合成为作用于芯子的压力F_{Pr}。F_{Sa}和F_{Aa}是方向相反且平行于面板的水平力，可合成为作用于面板上的水平力F_{Pa}。图3.12(b)为分解后作用于芯子上的弯矩M、压力F_{Pr}及水平力F_{Pa}。

$$F_{\mathrm{Sr}}=F_{\mathrm{S}}\cdot\cos\varphi \tag{3.14}$$

$$F_{\mathrm{Sa}}=F_{\mathrm{S}}\cdot\sin\varphi \tag{3.15}$$

$$F_{\mathrm{Ar}}=F_{\mathrm{A}}\cdot\sin\varphi \tag{3.16}$$

$$F_{\mathrm{Aa}}=F_{\mathrm{A}}\cdot\cos\varphi \tag{3.17}$$

$$F_{\mathrm{Pr}}=F_{\mathrm{Ar}}+F_{\mathrm{Sr}} \tag{3.18}$$

$$F_{\mathrm{Pa}}=F_{\mathrm{Sa}}-F_{\mathrm{Aa}} \tag{3.19}$$

将Ⅰ、Ⅱ、Ⅲ型试件进行受力分析。面板受到作用于芯子上的水平力F_{Pa}的作用，试件面板受力分析如图3.13所示。图3.13中，各受力关系如下

$$F_{\mathrm{Pa}}=F_{\mathrm{R}}=F_{\mathrm{L}}=F_{\mathrm{F}}=F_{\mathrm{B}} \tag{3.20}$$

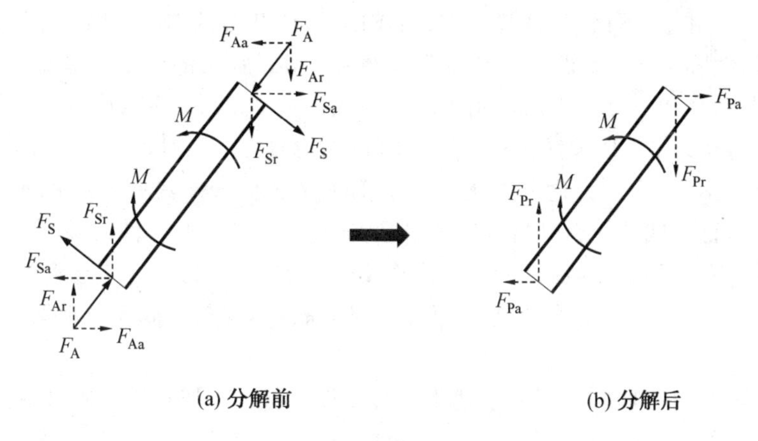

图 3.12 芯子受力分解

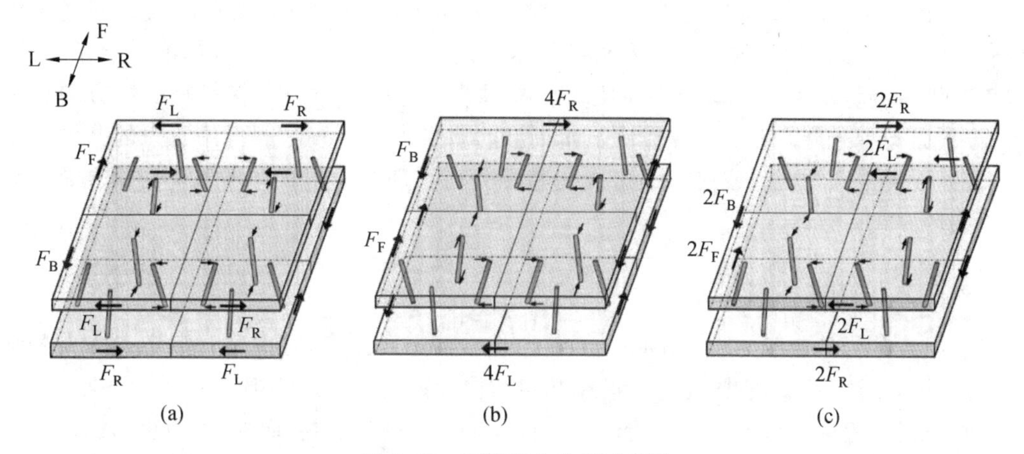

图 3.13 面板受力分析示意图

Ⅰ型试件中相邻胞元的芯子位置如图 3.13(a)所示。在平压载荷作用下，在 LR 方向作用于面板上的水平力为 F_R 和 F_L，在试件上、下面板内形成大小相等、方向相反的作用力。在 FB 方向作用于面板上的水平力为 F_F 和 F_B，在试件上、下面板内形成大小相等、方向相反的作用力。F_R 和 F_L 作用力使胞元间上面板连接处产生分离，使下面板连接处产生挤压。图 3.13(a)所示的Ⅰ型试件受力分析破坏形式与图 3.5 中Ⅰ型试件的破坏形式相吻合。图 3.5 中Ⅰ型试件的下面板两胞元连接处由于受到挤压而隆起，上面板没有变化。这是因为，上面板的两个胞元内互为反作用力的水平力之间距离较大，面板受到来自于芯子的集中反作用力小于胞元间黏结力，则上面板中胞元没有分离。下面板的两个胞元内方向相对的水平力之间距离较小，面板受到来自于芯子的集中反作用力大于相邻两胞元连接的黏结力，致使下面板胞元产生挤压，面板在胞元连接处隆起。

Ⅱ型试件中相邻胞元的芯子位置如图 3.13(b)所示。在平压载荷作用下，FB 方向作用于面板上的水平力为 F_F 和 F_B，在试件上、下面板内形成大小相等、方向相反的作用力，使面板在连接处产生分离或挤压。在 LR 方向，作用于上面板上的力为 4 倍的 F_R，作用于下面板上的力为 4 倍的 F_L，它们使试件的上、下面板产生平行移动。图 3.13(b)所示的Ⅱ型试件受力分析的破坏形式与图 3.5 中Ⅱ型试件的破坏形式对比的结果可知，在试件面板内部的力和上、下面板之间的力共同作用下，使Ⅱ型试件芯子的危险点从根部往上偏移，且承载能力高于Ⅰ型试件。在Ⅲ型试件中，相邻胞元的芯子位置如图 3.13(c)所示。在平压载荷作用下，FB 方向作用于同一面板内的力为 $2F_F$ 和 $2F_B$，在上、下面板之间的力仍为 $2F_F$ 和 $2F_B$。LR 方向作用于同一面板内的力为 $2F_R$ 和 $2F_L$，在上、下面板之间的力仍为 $2F_R$ 和 $2F_L$。这些力之间相互制约。因此，Ⅲ型试件具有较高的承载能力。图 3.13(c)所示的Ⅲ型试件受力分析的破坏形式与图 3.5 中Ⅲ型试件的破坏形式对比的结果可知，当外部载荷增加时，面板所受到的作用力增加，芯子的剪力和弯矩增大，致使芯子的危险点往芯子中间位置偏移，使芯子在中间部位折断，这与图 3.5 中Ⅲ型试件破坏方式一致。

对面板受力分析可知，面板的承载能力与面板的材料密切相关。木材主要由纤维素、半纤维素和木质素构成。纤维素分子链聚集成束以排列有序的微纤丝状态存在。微纤丝纵向通过 C—C、C—O 键结合非常牢固，横纹方向上微纤丝的纤维素链间是通过氢键(—OH)结合的，这种键的能量比木材纤维素纵向 C—C、C—O 键结合的能量要小得多。以落叶松指接材作为面板承受平面压缩载荷时，载荷垂直于面板，材料是横纹方向上受力，导致面板承载能力较弱。在作用于面板上的水平力与垂直于面板的压力的共同作用下，使面板发生顺纹劈裂或使试件组成的胞元分离。理论分析试件的破坏方式与图 3.5 试件破坏方式一致。

3.3.3 有限元分析

有限元分析是基于 Auto Inventor 软件，在准静态压缩下，对木质金字塔点阵夹芯结构变形过程预测标准。有限元分析模型几何结构参数与实验试件相同。

在仿真过程中，上、下面板的固定板材料为结构钢；胞元的上面板、下面板与固定板之间是固定连接；模型下面板水平固定，在上面板上施加载荷。准静态压缩仿真很难对木质结构进行弹塑性变化的定量性描述，因此，本书只能定性地分析试件在平压载荷下的变化状态。模型选择实体单元为 C3D4。模型中的面板和芯子之间选择胶合连接，模型与上、下固定板间选择分离但无滑动连接方式，胞元与拼接条间选择胶合连接方式。以芯子的极限应力(50.28 MPa)为依据，分析 6 种类型试件(Ⅰ～Ⅲ、RⅠ～RⅢ)承载能力，得出 RⅢ型试件承载能力最大，Ⅰ型试件承载能力最小。在建筑工程结构设计中，通常采用安全系数来反映结构的安全程度，因此，从安全系数可以判断出结构破坏状态和破坏顺序。6 种试件的仿真结构安全系数分布，如图 3.14 所示。仿真结果中，Ⅰ型、Ⅱ型和Ⅲ型结构的破坏首先发生在芯子根部，随着载荷的增大，芯子应力逐渐增加并传递到与芯子相接触的面板，面板上的应力随着外部载荷的不断增大向周围不断扩散，直至面板破坏。仿真结果中，RⅠ型、RⅡ型和 RⅢ型结构的破坏，是芯子与面板的应力同时产生，并随着外部载荷的增加而逐渐增大。芯子的应力首先发生在根部而后逐渐上移，面板的应力从芯子与面板相接触位置开始逐渐扩大至整个面板。RⅢ型仿真结构的应力首先出现在芯子根部及两面板相拼接处，然后随着外部载荷的增加而不断扩大，直至破坏。

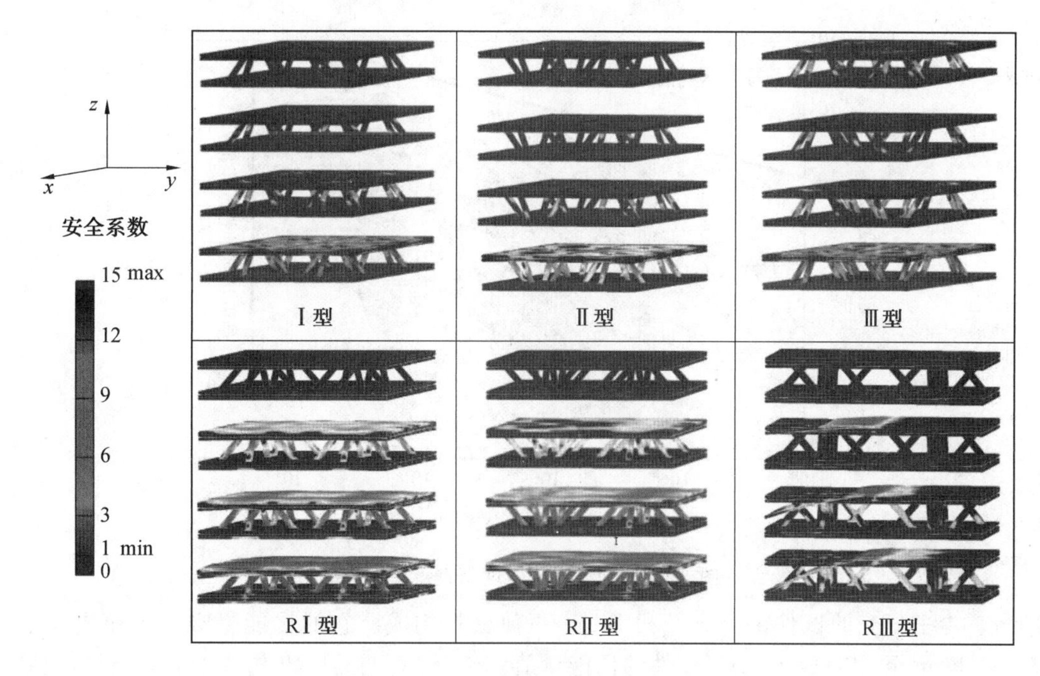

图 3.14　仿真结构安全系数分布图

3.4　性能分析

对 6 种类型试件进行平压力学性能试验。通过载荷、位移及破坏形式分析比较表明，面板非增强试件中Ⅲ型试件承载能力最强，面板增强型试件中 RⅢ型试件的承载能力最强。而 RⅢ型试件的承载能力是Ⅲ型试件的 3.64 倍。因此，RⅢ型试件的承载能力和结构强度最大。通过对 6 种类型试件的压缩强度、压缩模量、比强度和载荷质量比进行分析比较后，得出面板非增强试件中Ⅲ型试件的压缩性能最好，面板增强型试件中 RⅢ型试件的压缩性能最好。RⅢ型试件的压缩性能高于Ⅲ型试件 2.5～6 倍。RⅢ型试件的能量吸收性能和承载能力最好。因此，RⅢ型试件结构形式用于抗震材料结构设计。

采用有限元法分析试件的准静态压缩性能。由于木质材料是各向异性材料，因此可以仿真试件的承载能力，但不能准确描述木质材料的弹塑性。因此，仿真模型采用定性分析方法得到 6 种类型试件的承载能力。模拟表明，6 种类型试件的承载能力、结构安全系数及破坏模式与实验测试时的破坏状态一致。

木质材料属于低密度高强的材料。6 种试件的表观密度均低于组成材料密度。在图 3.15 所示材料的密度与强度图中，6 种试件均属于低密度区材料且平压强度都较高。6 种试件的强度值在 12.69～147.19 MPa，在自然材料区域中属于高强度材料，同时也在复合材料点阵结构区域。RⅠ型、RⅡ型和 RⅢ型试件的平压强度高于结构自身组成材料。

木质基点阵夹芯结构的比能量吸收图如图 3.16 所示。图 3.16 中木质基点阵结构组成材料有桦木锯材(Birch sawn timber)、杨木层积材(Poplar LVL panels)、PALF、WPC、GFRP、OSB、Birch、Beech、Plywood 和 Larch。木质基点阵结构由其中的一种或两种材料

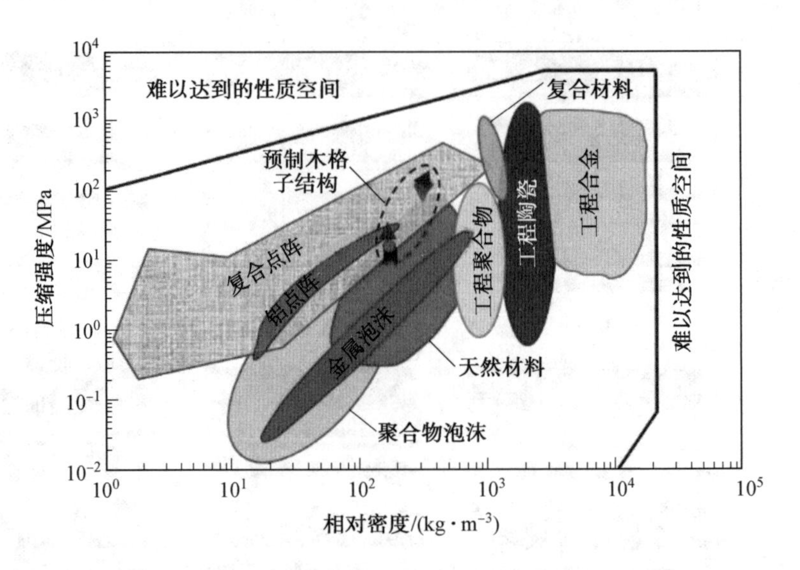

图 3.15　材料平压强度与密度关系图

组成。本书研究的试件由 Larch 和 Birch 两种材料构成。它的比能量吸收值范围是从 70.72 J/m^3 至 443.17 J/m^3。试件的比能量值低于 WPC 与 GFRP 构成的点阵结构，但结构密度却远小于它。

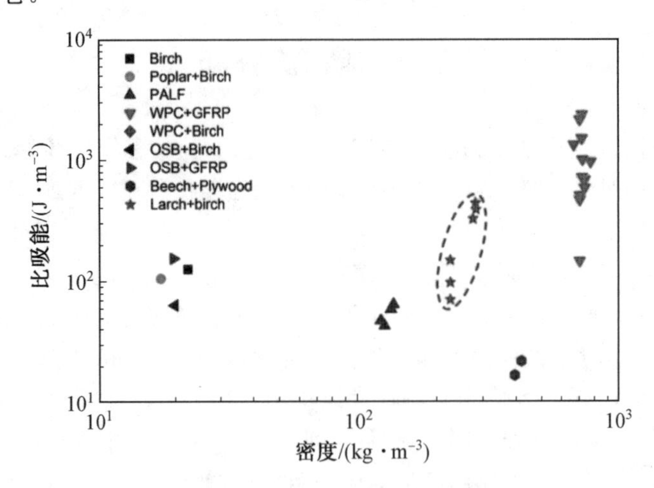

图 3.16　木质基点阵夹芯结构的比能量吸收图

综合以上分析得出，Ⅰ型～ RⅢ型试件都具有较高的承载能力。当外部载荷作用在垂直方向并发生位移时，6 种试件承载能力有较大的差别，这是由于，一方面，试件中胞元排列位置不完全相同；另一方面，3 种试件上有增强面板，而另外 3 个试件上没有增强面板。

面板增强型试件结构中，芯子在承受外部载荷的作用上起主要作用。试件中胞元的排列位置影响试件的承载能力，增强面板加大了面板与芯子的黏结面积及胞元间的连接作用，使试件的承载能力增强。

本次研究的试件具有较大尺寸，可以较为方便地应用于建筑结构组件。还可以根据建筑结构应用场所对结构尺寸进行调节。装配式木质金字塔点阵夹芯结构如果采用数字化木材加工技术，不仅可以最大限度减少木质基材料在加工过程中的误差，而且还可以进行定制加工，形成数字创新和艺术设计相结合的轻质木结构建筑。同时，夹芯结构芯层的拓扑结构和面板材料的增强都将是今后研究工作的方向。

3.5　小　　结

通过插入胶合的方法，将面板与芯子组成结构胞元，胞元之间采用榫槽拼接方法构成装配式 2D 木质金字塔点阵夹芯结构试件，并对其进行了静态平压测试。得出以下结论：

(1)平压测试得出，胞元在试件中排列的方式影响试件的承载能力。胶合单板增强型试件可以显著提高试件的承载能力、载荷质量比和能量吸收。

(2)试验测试试件的主要破坏形式为芯子断裂和面板开裂。随着结构承载能力的增加，芯子的断裂形式由芯子根部折断及劈裂逐渐上移至芯子中部，垂直于轴向的剪切断裂。有限元分析得到的试件压缩性能和破坏顺序、形式与实验测试结果一致。面板非增强型试件的破坏是从芯子根部开始，面板增强型试件的破坏是芯子根部与面板同时开始。

(3)面板增强型结构的最大载荷质量比大于同类型木质基点阵夹芯结构，理论上证明了加强板对提高结构的平压性能是非常显著的。

第4章 木质金字塔型点阵夹芯结构优化与性能分析

夹芯结构由于其高强度、高刚度和高质量载荷比，已成功应用于航空航天工业、海洋、机械和土木工程多年。夹芯结构在建筑结构中的应用可以减少不可再生原材料的消耗。大多数建筑材料来自不可再生的天然矿物原料，部分来自工业固体废物。与汽车、火车、飞机等行业相比，建筑行业消耗更多的材料。建筑材料主要包括混凝土、钢材和木材。建筑材料占全球一次能源消耗的23%，每年消耗近600亿吨材料，这将导致更多不可再生原材料的消耗。木质材料的使用可以弥补原木资源的稀缺，缓解不太成熟的树木造成的木制品质量较差的问题。夹芯结构可以混合两种或多种具有特定几何形状和比例的材料，赋予其新的材料特性。

夹芯结构是由两个平面和中间有厚度的芯层共同组成的。平面由上、下面板组成，中间的芯层结构可以有多种形式。目前，夹芯结构的芯层设计多采用多胞固体的结构形式，可有效拓展工程材料的性能和应用范围。常见的多细胞实体结构的核心层设计形式主要有蜂窝、泡沫、点阵、波纹和各种仿生结构。这种多单元实体结构可以形成多个具有较大互连空间的离散和连续结构。通过在互连空间中放置吸音、隔热、保温和电磁屏蔽材料，可以形成集生产、制造和功能于一体的结构材料。

木材本身是一种细胞结构材料，广泛存在于自然界中。木质材料在工程设计中的应用，使得功能材料在宏观和微观上都成为具有细胞结构的多孔固体材料。金明敏等人采用木质复合材料和桦木，通过开槽黏合制备二维格子桁架夹层结构。该结构的平面外压缩和弯曲具有良好的能量吸收能力，但结构面板和核心处的应力脱胶严重影响结构的承载能力。李帅等人以木塑复合材料为面板，玻璃钢为核心，制成复合二维点阵结构。根据其受力特点和破坏类型，在芯材两端制作加强箍，以增加结构的承载能力。

李帅等人还通过3D打印技术制备了光敏树脂基二维晶格结构变截面芯，有效解决了传统方法难度大、精度差的问题。他们准确地得出结论，当二维点阵夹层结构承受平面压缩载荷时，芯体两端承受较大弯矩和轴向力，芯体中间位置仅承受轴向力。秦建鲲等人采用定向刨花板(OSB)和桦木制作木质二维直柱格子桁架夹层结构，通过面外压缩实验测试结构的承载力、等效抗压强度和弹性模量(MOE)，并加厚面板以增加结构的抗压强度。结果表明，木基二维直柱格构桁架夹层结构的面外抗压极限强度与芯材的相对密度呈线性关系。郑腾腾等人使用WPC(木塑复合材料)、OSB(定向刨花板)作为面板和GFRP(玻璃纤维增强)塑料作为芯材，制备X和双X格子夹层结构。对两种结构的力学性能和结构破坏形式进行了研究，得出的结论是该结构形式具有较高的比强度和模量。杨冬霞等人以落叶松锯材和桦木为原料制备金字塔形夹层结构。根据结构的力学性能和破坏形式，采用面板加固的方法提高结构的抗压强度。郝美荣等人探索由菠萝叶纤维和苯酚甲醛树脂基体制成的环保型天然纤维基等格网圆柱体的压缩行为。结果表明,圆周等分的数目是影响结构承载力的主要因素。Jerzyi 等人制备了一种夹层结构,面板由高密度纤维板和高压层压板制成,拉胀晶格芯采用莱伍德生物复合长丝通过 3D 打印制成,以研究其压缩和低速冲击性能。实验研究表明,在平行于饰面的平面内观察到芯材的拉胀特性(即显示负泊松比),并且该结构具有较高的抗压强度和能量吸收能力。Hao Jing xin 等研究了夹层结构,其面板采用中密度纤维板(MDF)和胶合板材料(PLY),芯层采用传统的六角蜂窝和太极蜂窝结构。采用实验和分析方法研究了新型太极蜂窝木基夹层结构的压缩行为和破坏机制。结果表明,太极蜂窝复合材料的抗压强度和模量较传统六角蜂窝结构有显著提高。芯材的特性决定了整个结构的强度。Pelinski 等人研究了夹层结构,其面板材料是胶合板、高密度纤维板和纸板,核心是由基于环氧树脂和木质纤维素物质作为填料的 WoodEpox ® 制成的。结果表明,具有拉胀芯的夹层结构可以显著降低耗散能量。

以往研究者所设计的结构大都为直柱型、金字塔型、X 型、双 X 型及芯子互锁等形式。试件的制备采用插入胶合法或黏结剂直接黏合的方法。由生物质材料相对于金属材料在制造加工试件过程中,安装定位不够精确,加工精度不高,组成构件的装配过程误差较大等缺陷,使制备的试件尺寸与设计尺寸间产生较大误差,影响试件的力学性能和结构破坏模式分析。以往研究者研究的生物质基二维点阵夹芯结构的力学性能优于自身组成材料。结构的破坏模式较为相似,大都是芯子折断,面板开裂,破坏位置主要从芯层结构与面板相接触的交叉处开始,随着载荷的增加,裂纹不断扩大,直至试件破坏。这是由于芯层与面板接触的交叉处是结构强度最薄弱的地方,点阵夹芯结构受外载荷作用时,应力主要集中在芯层与面板接触的交叉处。交叉处的应力远大于芯层材料和面板材料允许的应力范围,成为结构破坏的主要模式。因此,需要设计一种能够扩大芯层与面板的接触面积,降低芯层与面板接触处的应力,既方便加工又有利于安装的结构形式。

基于木质材料的特点,互锁格栅结构形式恰好满足以上要求,可以有效增大芯层与面板的接触面积,有利于加工,方便安装且可以保存面板的完整性,可以有效地提高试件的平压性能。改变芯子的结构形式,与插入胶合方法制作的点阵夹芯结构进行力学性能上的对比,分析不同结构型的失效模式,采用有限元分析方面进行理论预测。

这项研究概要如下:首先,利用万能力学试验机对桦木、落叶松、WPC 和 OSB 的力学性能进行研究。其次,以落叶松、WPC 和 OSB 为面板,以桦木和 OSB 为芯材,采用插入一胶合法和互锁一胶合法制备金字塔型点阵结构和互锁格栅结构。第三,研究两种结构形式夹芯结构的压缩性能。最后,对夹芯结构的承载能力、等效抗压强度和比强度进行综合评价。

4.1 材料和方法

4.1.1 材料

生物质基结构胞元试件所需要的原材料为面板材料、芯材和胶黏剂。面板材料选用定向刨花板(oriented strand board,OSB),OSB 板选用东方港国际木业有限公司,产地是德国,品牌是爱格,环保等级是 E0 级的欧松板 OSB,其厚度为 12 mm,密度为 0.61 g/cm³。Plywood 板选用上海识义实业有限公司,产地是上海,品牌是艾克美,环保等级是 E0 级的桦木多层板,其厚度为 12 mm,密度为 0.82 g/cm³。定向刨花板采用欧洲松木,刨花用无甲醛的异氰酸酯连接。芯层采用指接落叶松,指接落叶松选用中国宜春市大岭木制品综合加工厂,密度为 0.61 g/cm³,平行于颗粒的抗压强度为 44.2～56.49 MPa,静态弯曲试验的弹性模量为 9.51～15.51 GPa。弹性变形下的极限应变为 0.005 8～0.009 0 μm(Zhou 等人,2016)。黏合剂是环氧树脂(环氧树脂与固化剂的质量比为 10∶6),由黑龙江省科学院石油化学研究所提供。

4.1.2　木质点阵夹芯结构胞元设计

木质金字塔型夹芯结构如图 4.1 所示。图 4.1(a)和(b)所示为木质金字塔型结构。图 4.1(c)和(d)所示为木质互锁格栅夹芯结构。

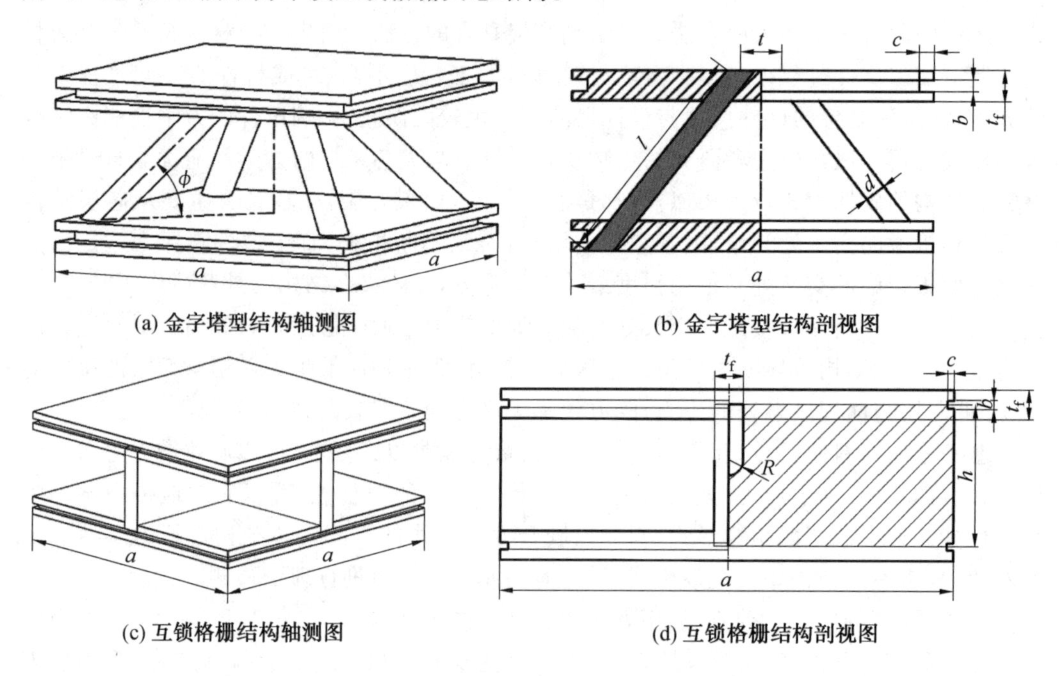

图 4.1　木质金字塔型夹芯结构

木质点阵夹芯结构胞元的面板为正方形。点阵夹芯结构的相对密度是芯层密度与夹芯结构的固体材料密度之比。

金字塔型点阵夹芯结构的相对密度为 $\bar{\rho}_p$,可以用式(4.1)表示。

$$\bar{\rho}_p = \frac{4\pi\left(\frac{d}{2}\right)^2 l}{a^2 l \sin\varphi} \tag{4.1}$$

$$a = 2l\cos\varphi + t + 2\times 37 \tag{4.2}$$

式(4.1)中,d 为芯子的直径;l 为芯子的长度;a 为胞元面板宽度。

互锁格栅结构的相对密度为

$$\bar{\rho}_L = \frac{2a \cdot h \cdot t_f - 4b \cdot c \cdot t_f}{a \cdot a \cdot (h + t_f)} \tag{4.3}$$

式中，h 是结构中芯板的高度；t_f 是芯板厚度，芯层厚度与面板厚度相同；b 是面板四周开槽宽度；c 是面板四周开槽深度。

4.1.3　试件制备

本次研究对金字塔型和互锁格栅型两种类型试件进行压缩测试。用于测试的试件结构参数，如表 4.1 所示。

表 4.1　胞元设计尺寸

组合	结构形式	材料	a	b	d	t_f	c	t	l
1		WPC＋Birch	190	3	12	12	3	46	60
2	金字塔结构	OSB＋Birch	190	3	12	12	3	46	60
3		Larch＋Birch	190	3	12	12	3	46	60
4		OSB＋Larch	190	3	12	12	3	12	62
5	互锁结构	Larch ＋Larch	190	3	12	12	3	12	62
6		Plywood ＋Larch	190	3	12	12	3	12	62

木质金字塔型夹芯结构的制作过程如图 4.2 所示。采用插入胶合法制作 2D 点阵夹芯结构胞元，其中，面板采用落叶松指接材，芯子采用桦木。上、下面板用台钻钻孔。芯子插入板孔，并通过胶黏接固定，形成金字塔型点阵夹芯结构胞元。金字塔型结构试件如图 4.3 所示。

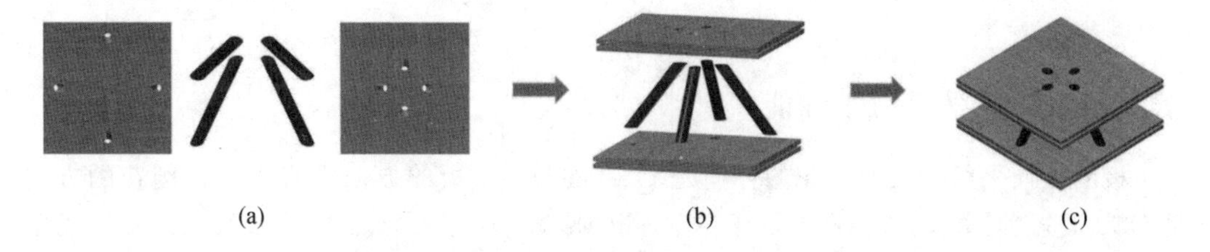

(a)　(b)　(c)

图 4.2　木质金字塔型夹芯结构的制作过程

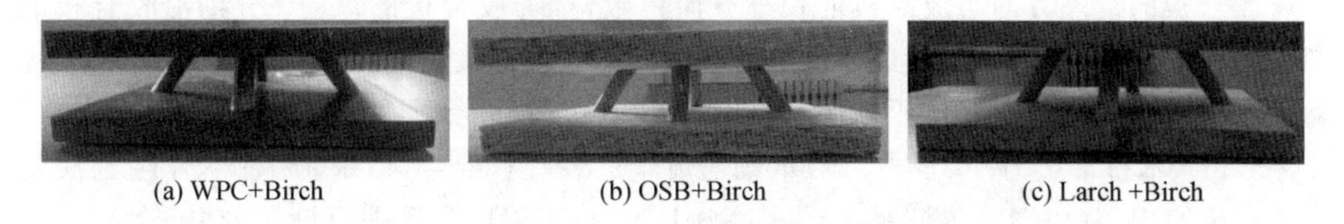

(a) WPC+Birch　(b) OSB+Birch　(c) Larch +Birch

图 4.3　金字塔型结构试件

互锁格栅胞元结构的制作过程如图 4.4 所示。首先，按设计尺寸铣削芯材和面板。

其次,将芯材交叉安装,两块芯板相互垂直。第三,将黏合剂涂抹于面板沟槽和芯材上下边。第四,将芯材插入面板的沟槽中。最后,用扁钳将互锁格栅结构试件施加适当压力。72 h 后将试样取下,完成试件的制作。互锁格栅结构试件如图 4.5 所示。

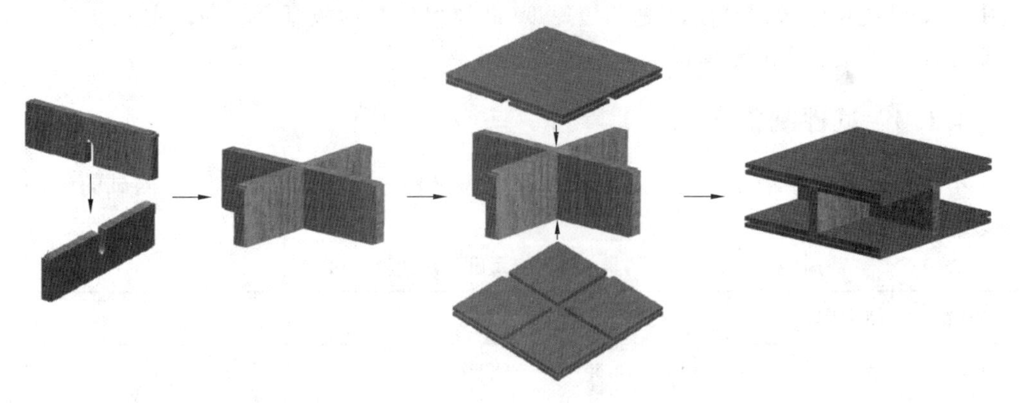

图 4.4　互锁格栅胞元结构的制作过程

(a) OSB+Larch

(b) Larch+Larch

(c) Plywood+Larch

图 4.5　互锁格栅结构试件

4.2　试　　验

4.2.1　原材料力学性能

板的方向平行于表面刨花的方向是 OSB 的长轴。板的方向垂直于表面刨花的方向是 OSB 的短轴。它的机械性能低于主轴。根据 Zheng 等人的说法,在长轴和短轴压缩中测试了密度为 0.61 g/cm^3 的 OSB,确定了相关的杨氏模量和抗压强度。

胶合板的纹理方向与成品板的长度方向一致,称为胶合板的纵向。分别沿胶合板的长度和宽度方向取试样,测量试样的纵向和横向静弯曲强度 MOR 和弹性模量 MOE。桦木胶合板沿纵向和横向的抗压强度取自程秀才研究者所得数据。

WPC(木粉含量为 60%,与回收的高密度聚乙烯塑料混合)由东北林业大学生物质复合工程研究中心(中国哈尔滨)生产。基本密度 ρ、抗压强度和压缩模量取自 Li 等人。

落叶松指接材的抗压性能按《指接材物理力学性能试验方法》(GB 11916—89)进行。测试落叶松指接材的顺纹抗压强度和模量分别为 50.30 MPa 和 26.68 GPa。

桦木销是现代家具常见的组装和连接配件之一。它的形状是圆棒，一般是用木头做的。棒材表面有光面、直纹、螺旋纹、网纹等多种形式，对于表面有纹路的棒材，由于胶水在凹槽内固化后形成致密的胶钉，黏接效果较大，螺旋花纹形式的连接强度一般较好。因此，本次测试选择了大部分带有螺旋纹的棒材。使用 Jin 等人描述的方法对桦木棒进行了测试和最佳选择。原材料机械性能如表 4.2 所示。

表 4.2　原材料机械性能

材料	纹理方向	$\rho/(\mathrm{g\cdot cm^{-3}})$	MOE/GPa	MOR/MPa
OSB	长轴	0.61	3.52	22.37
	短轴		3.05	20.23
桦木胶合板	横向	0.82	5.23	58
	纵向		9.42	74
WPC	—	1.16	1.14	37.03
落叶松指接材	纵向	0.51	26.68	50.30
桦木	纵向	0.58	51.47	50.28

4.2.2　平压测试

依据《夹层结构或芯子平压性能试验方法》(GB/T 1453—2022)的抗压强度和抗压模量标准，采用万能力学试验机(型号 WDW－50，长春科新试验仪器有限公司，中国)在室温下以 1 mm/min 的位移速率对木质点阵夹芯结构进行测试。

木质夹芯结构胞元的破坏模式，如图 4.6 所示。金字塔型结构的破坏模式，对于 WPC＋Birch 组合，结构的破坏主要表现在芯子的劈裂和芯子在面板与芯子接触处根部发生折断。对于 OSB＋Birch 组合，结构的破坏主要表现在 OSB 面板的分层和芯子发生弯曲变形。对于 Larch ＋Birch 组合，结构的破坏主要表现为面板的开裂和芯子在根部发生折断。互锁格栅型结构的破坏模式，对于 OSB＋Larch 组合，结构的破坏形式主要为芯材的破坏。由于芯材选用的是指接落叶松，胞元结构在平压状态下当达到极限载荷时指接落叶松在指接处发生劈裂，芯材没有指接部分时发生顺纹劈裂。芯材与面板相接触处，面板发生坍塌。压缩后胞元整体没有发生破坏，胞元试件高度减小，面板材料在平压载荷作用下密度更大。

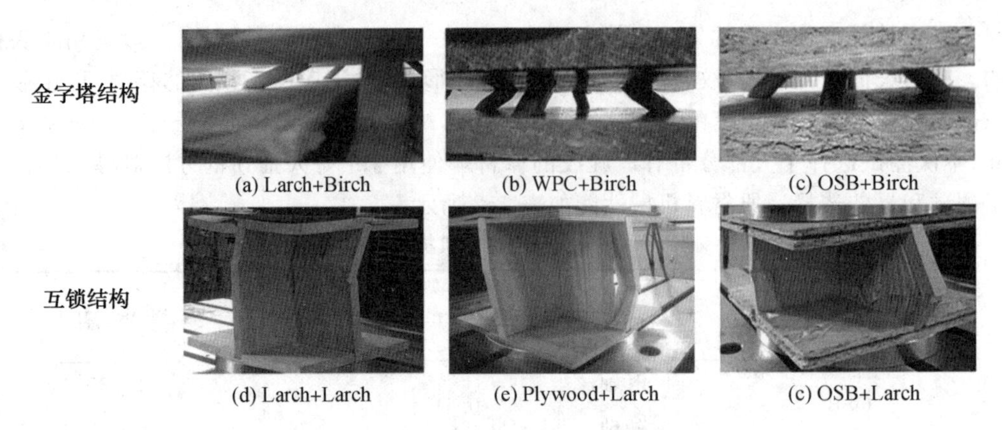

图 4.6　木质夹芯结构胞元的破坏模式

4.3　结果和讨论

4.3.1　结构破坏过程

木质夹芯结构的荷载位移曲线如图 4.7 所示。这 6 种点阵夹芯结构的载荷位移曲线大致可以分为 3 个阶段，从图 4.7 中可以观察到木质点阵夹芯结构的荷载一位移曲线大致分为弹性阶段、屈服阶段和峰值荷载后的下降阶段。在弹性阶段，曲线陡峭上升，近似为线，到达峰值后曲线开始下降。WPC＋Birch 组合的载荷位移曲线如图 4.7(b)所示，在弹性阶段，随着载荷不断增加，试件被压缩量逐渐变大，直至达到载荷最大值，此时该结构芯子开始破坏，随着位移的不断增加结构的承载开始减小，直至芯子在根部发生剪切折断，出现劈裂，试件结构承载能力迅速下降。曲线整体光滑是由于试件面板强度大于芯子，面板承受压缩测试过程中没有发生破坏。OSB＋Birch 组合的载荷位移曲线如图 4.7(c)所示，在弹性阶段曲线随载荷增加上长陡峭，呈现较好的线性状态，当达到极限载荷时试件中芯子发生弯曲变形，屈服阶段持续一段位移后，随着试件结构变形量不断增加，试件的承载能力缓慢递减，OSB 面板出现分层破坏。Larch＋Birch 组合的载荷位移曲线如图 4.7(a)所示，在弹性阶段曲线随载荷增加不断上升，呈现出近似的线性，到达极限载荷时，芯子出现弯曲变形在面板与芯子相交处发生根部折断，随着结构变形量的增大，试件面板出现开裂现象。

OSB＋Larch 组合的载荷位移曲线如图 4.7(f)所示，荷载位移曲线可以看出，在弹性阶段，曲线呈线性状态快速上升，此时结构被压缩变形。在达到峰值后，芯层开始破坏。芯层是结构的主要承载部分，所以芯层与面板的接触面积将严重压缩。随着载荷的增加，芯层破坏变得更加严重，直到组成结构的 4 个芯层部分都受到破坏。OSB＋Larch 组合结构为互锁格栅结构，其承载能远大于前 3 种组合形式。

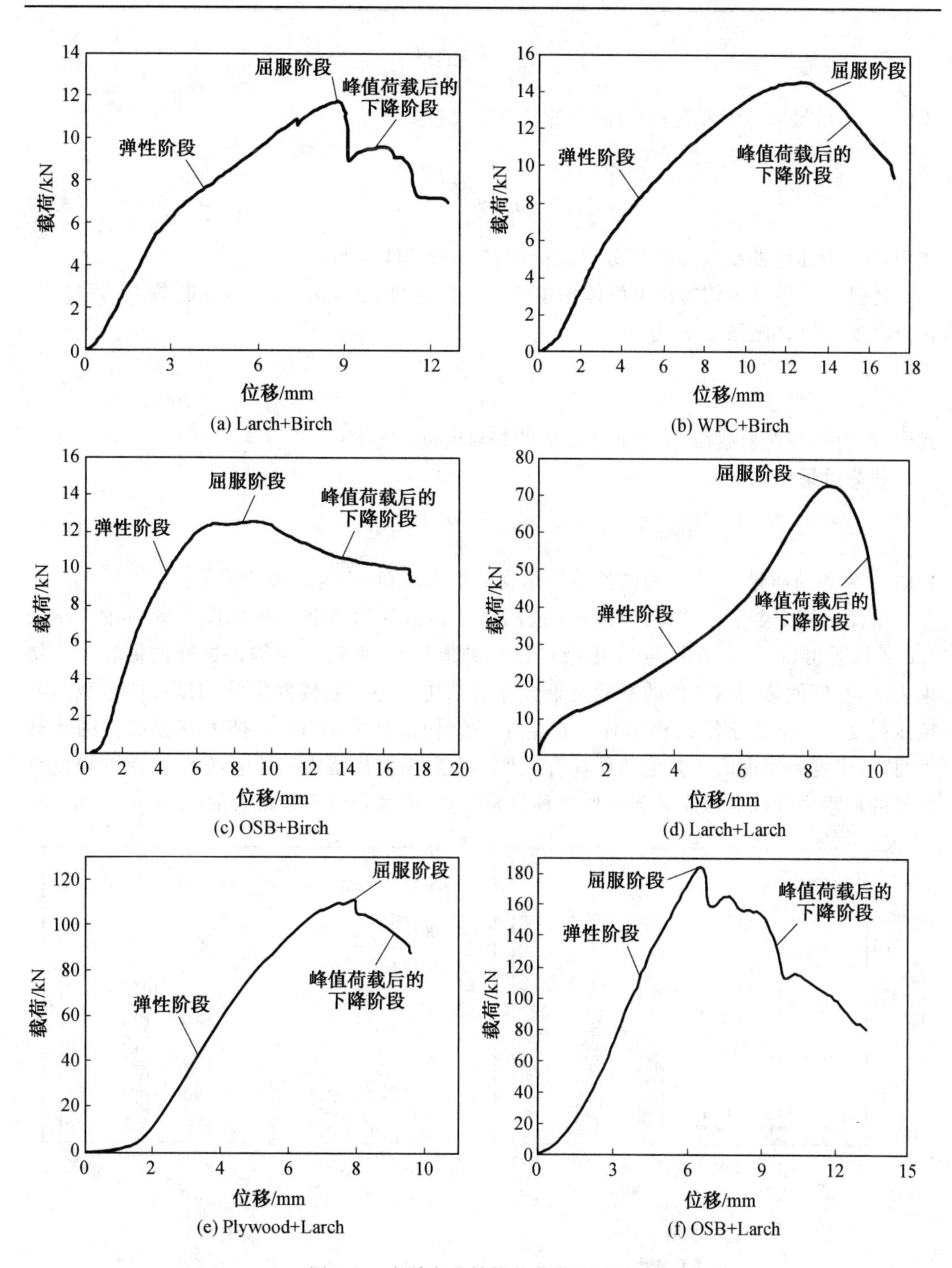

图 4.7　木质夹芯结构的载荷位移曲线

4.3.2　压缩性能

压缩强度是材料结构的一个重要力学量，它表征材料结构抵抗外力破坏的能力。用于计算抗压强度的具体公式为

$$\sigma=\frac{P_{\max}}{a \cdot a} \tag{4.4}$$

式中，$P_{\max}$是最大压缩载荷；a 是试件的长度。

用于计算压缩模量的公式为

$$E=\frac{\Delta P}{\varepsilon} \tag{4.5}$$

式中，ΔP 为压缩曲线线弹性部分的载荷增量；ε 为试件变形量。

比强度是指材料结构在单位体积单位质量的强度，其大小为材料在断裂点的强度与相对密度之比。比强度 σ_{ss} 为

$$\sigma_{ss}=\frac{F}{a^2 \cdot \bar{\rho}} \tag{4.6}$$

式中，F 为外部施加载荷；$\bar{\rho}$ 为试件结构的相对密度。

载荷质量比定义为

$$\lambda=\frac{F_{\max}}{m} \tag{4.7}$$

式中，λ 为载荷质量比；$F_{\max}$为试件结构承受的最大载荷；m 为试件的质量。

平面压缩下金字塔结构试样和互锁网格结构试样的性能比较如图 4.8 所示。从图 4.8 可以看出，在每个图中，金字塔结构试样的值较小，互锁网格构件试样的值较大。结果表明，互锁网格结构试件的性能优于金字塔结构试件。互锁网格结构试件的承载力和抗压强度远高于金字塔结构试件。在金字塔结构试件中，WPC＋桦木复合试件的承载力、抗压强度和密度高于其他两种复合试件。在互锁网格结构试件中，OSB＋落叶松复合试件的承载力和抗压强度高于其他两种复合试件，但其密度不是最大的。

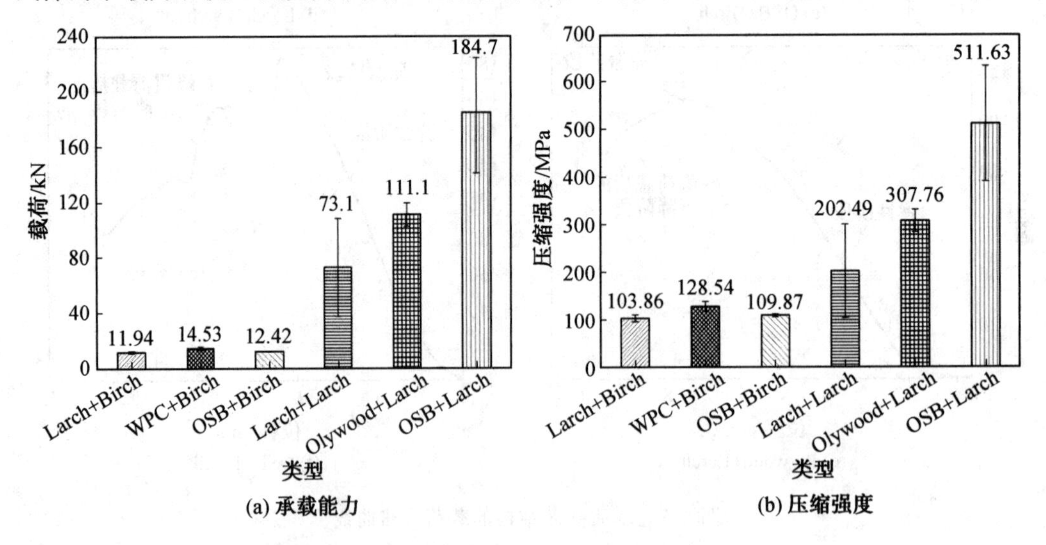

图 4.8 木质基两种夹芯结构形式性能对比

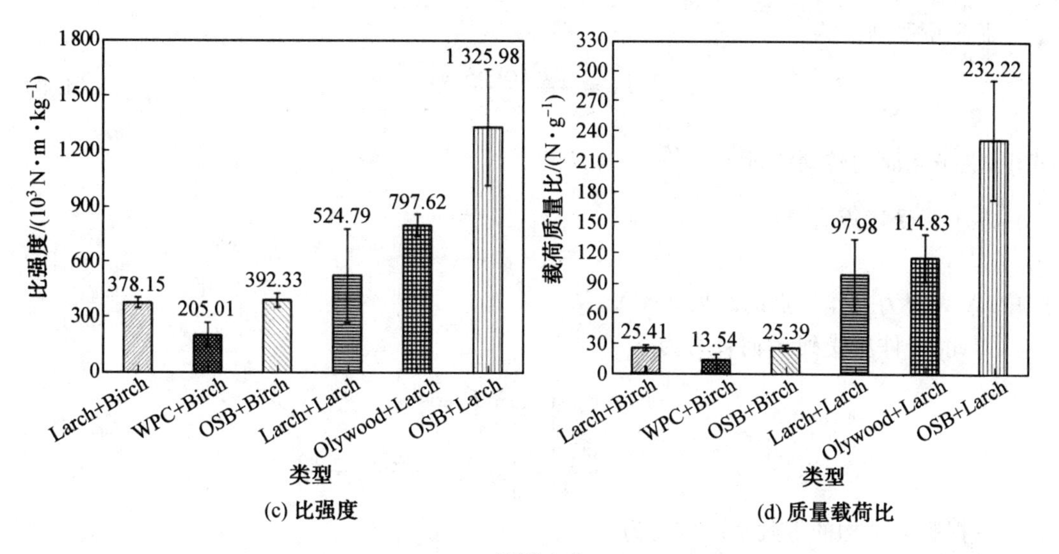

(c) 比强度　　(d) 质量载荷比

续图 4.8

互锁网格结构试件的质量荷载比高于金字塔结构试件。在金字塔结构试件中，WPC＋桦木复合试件的密度值最大，但比强度值和质量荷载比最小。落叶松＋桦木复合试件的密度值、比强度值和质量荷载比与 OSB＋桦木复合试样相似。通过比较两个结构试件的承载力、抗压强度、比强度和质量荷载，可以得出结论，在相同结构和相同单元体积的情况下，金字塔结构的性能参数相似，而互锁网格结构的性能参数相差很大。因此，改变芯结构可以有效地提高夹层结构的承载性能。

4.3.3　理论分析

4.3.3.1　金字塔型结构分析

芯子与面板间的连接属于强固定连接，胞元在平压状态下主要由 4 根芯子受力，每根芯子承受竖直向下的载荷力 F。芯子受力分析如图 4.9 所示。

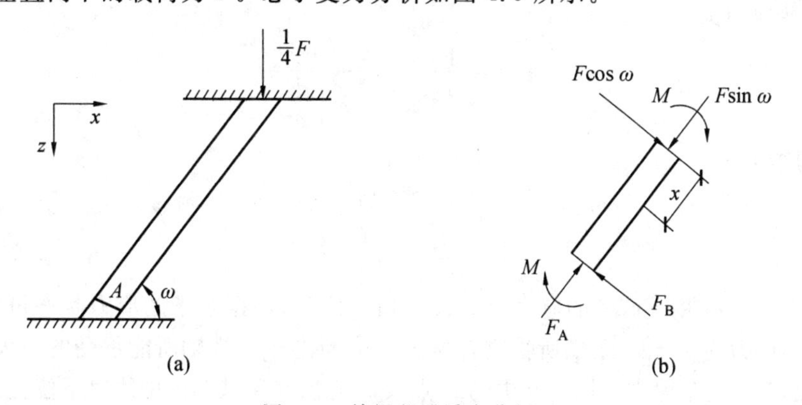

图 4.9　单根芯子受力分析

芯子所受轴力为

$$F_A = F\sin\omega \tag{4.8}$$

芯子所受剪力为

$$F_S=\frac{12EI\Delta\cos\omega}{l^3} \tag{4.9}$$

式中,芯子截面的转动惯量 $I=\frac{\pi d^4}{64}$。

芯子所受弯矩为

$$M=F\cos\omega\cdot X \tag{4.10}$$

式中,X 为剪力与作用点的距离,$0<X\leqslant l$。

因此,杆件所受到 Z 向合力为

$$\begin{aligned}\frac{1}{4}F&=F_A\sin\omega+F_s\cos\omega\\&=\frac{E\pi d^2\Delta}{4l}\left(\sin^2\omega+\frac{3d^2\cos^2\omega}{4l^2}\right)\end{aligned} \tag{4.11}$$

依据胞元结构的等效平压应力为

$$\sigma=\frac{F}{A}=\frac{F}{a^2} \tag{4.12}$$

式中,面板长度 $a=\sqrt{2}l\cos\omega+2\times37$。则应变为

$$\varepsilon=\frac{\Delta}{(l-2t_f)\sin\omega} \tag{4.13}$$

胞元等效平压模量可以表示为

$$E=\frac{E\pi d^2\Delta(\sin^2\omega+\frac{3d^2}{4l^2}\cos 2\omega)}{l(\sqrt{2}l\cos\omega+d+37)^2}\cdot\frac{(l-2t_f)\sin\omega}{\Delta} \tag{4.14}$$

轴向应力

$$\sigma_{\mathrm{I}}=\frac{F_N}{s}=\frac{F\sin\omega}{\pi\left(\frac{d}{2}\right)^2} \tag{4.15}$$

最大剪应力为

$$\tau_{max}=\frac{4}{3}\frac{F_S}{s}=\frac{4}{3}\frac{F_s}{\pi\left(\frac{d}{2}\right)^2} \tag{4.16}$$

弯矩应力为

$$\sigma_{\mathrm{II}}=\frac{M}{\frac{\pi d^3}{64}} \tag{4.17}$$

芯子在力 F 作用下产生的应力为 σ_{I}、τ_{max} 和 σ_{II} 之和,根据芯子的应力状态可以得出,芯子上端所受应力为 $\sigma_{\mathrm{II}}-\sigma_{\mathrm{I}}$,下端所受应力为 $\sigma_{\mathrm{II}}+\sigma_{\mathrm{I}}$,且芯子中性轴所能承受的最大剪应力为 τ_{max}。因此,芯子的危险点在图 4.9 中的 A 点及 A 点所在区域芯子中线以下位置。

4.3.3.2 互锁格栅结构分析

互锁格栅结构在外部载荷作用时,结构受力如图 4.10 所示。图 4.10(a)为支撑板受力,图 4.10(b)为支撑板受力变形图,图 4.8(c)为支撑板受力分解图。式(4.18)可以计

算出结构在力矩、剪力和轴力共同作用下的变形量。

$$a=\sum\int\frac{\overline{M}M}{EI}\mathrm{d}s+\sum\int\frac{\overline{F}_{\mathrm{N}}F_{\mathrm{N}}}{EA}\mathrm{d}s+\sum\int\frac{k\overline{F}_{\mathrm{S}}F_{\mathrm{S}}}{GA}\mathrm{d}s \tag{4.18}$$

式中，E 是芯子材料的弹性模量；G 芯子材料的剪切模量；I 是芯子截面的惯性矩 $I=\frac{1}{12}dh^3$，A 是芯子截面的面积 $A=dh$。

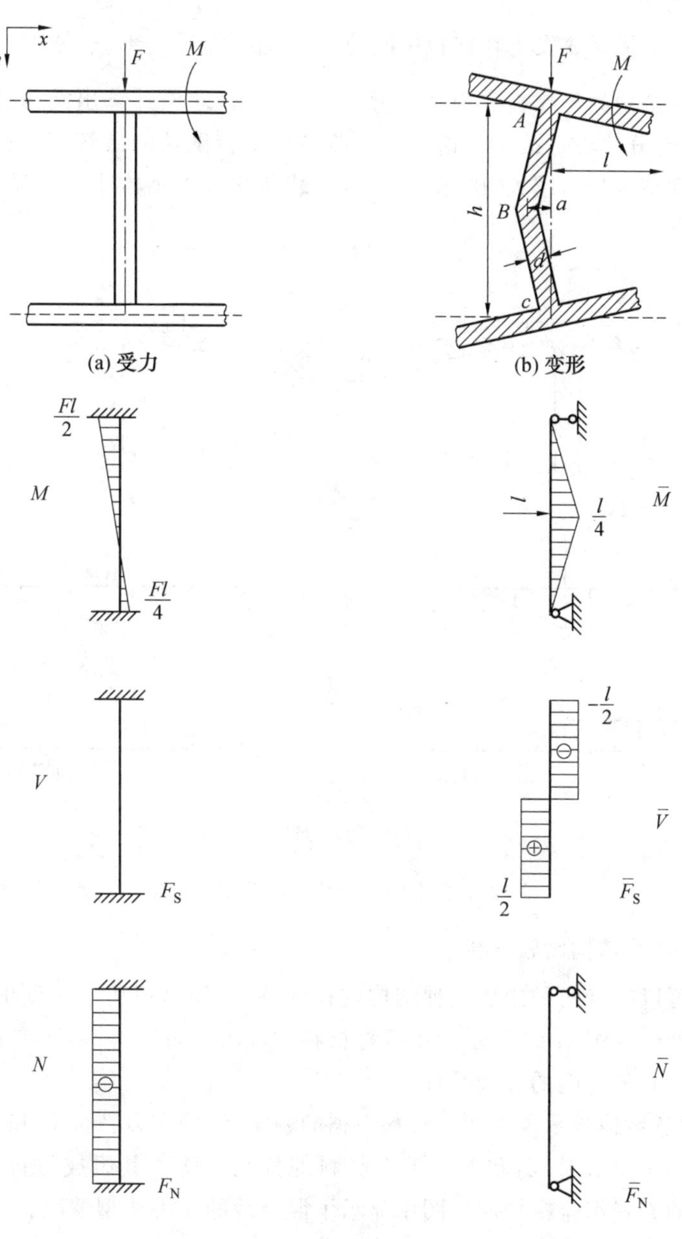

图 4.10　互锁结构支撑板受力分析

依据图 4.10(c)支撑板的受力分解可知，支撑板主要受到弯矩 M 的作用，支撑板变形偏离中心距离 a 的大小为$\frac{11Fl^3}{576EI}$，从结果可以得出离支撑板中心距离越远变形越大，支撑板破坏程度也越大。

互锁格栅结构面板受力分析如图 4.11 所示。图 4.11(a)为面板受力变形图，面板主要受到弯矩 M 和剪切 N 作用，图 4.11(b)为面板受力分解图。依据式(4.18)可以计算出面板受力的最大变形量 δ 发生在面板中间位置，大小为$\frac{Fl^3}{192EI}+\frac{3Fl}{10GA}$。

从互锁格栅结构的支撑板和面板受力分析可得出，理论计算出结构外边缘的偏心矩最大，结构中心部分偏心矩最小。这一计算结果与实验试件的破坏程度恰好一致。离中心载荷距离越远结构受力越大，破坏越严重，与载荷重合的结构中心处整体受力最小，破坏也最小。

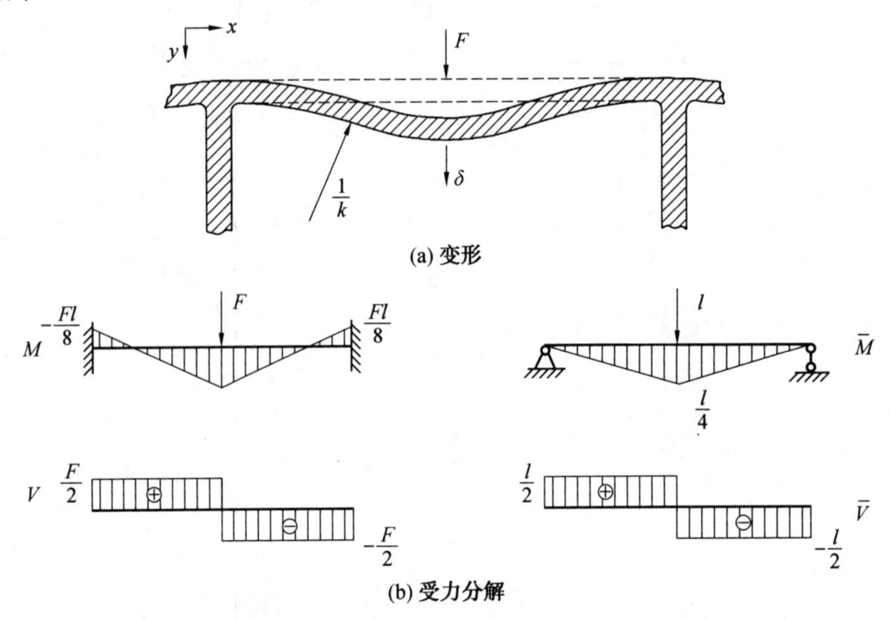

图 4.11 互锁格栅结构面板受力分析

4.3.3.3 两种结构比较分析

夹芯结构可以结合两种或更多种结构材料的特性，使其成为一种新的结构材料并具有一定空间的特性。图 4.12 所示为由两种材料构成的夹芯结构，它反映了夹芯结构组成材料的特性和以几种可能的方式呈现。

图 4.12 示意性地显示了由两种材料占据的领域，绘制在以特性 P_1 和 P_2 为轴的图中。在每一领域内标识出材料 M_1 和 M_2，混合材料的特性反映了其组成材料的特性，这些特性以几种可能的方式组合在一起。图中显示了混合后的 4 种典型情况。

A 点是理想情况，它具有两个组件的最佳特性。例如，镀锌钢具有钢的强度和韧性，同时具有锌的耐腐蚀性。釉面陶器利用黏土的可成型性和低成本以及玻璃的不渗透性和耐用性。

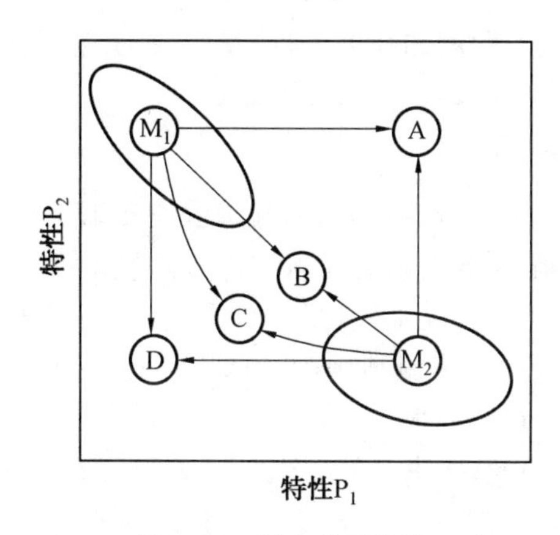

图 4.12　混合的可能性

B 点满足“混合法则”。可以获得混合材料整体性能的最佳结果通常是各组分性能的算术平均值，由混合材料中组分的体积分数加权得到。例如，单向纤维复合材料的轴向模量（平行于纤维的模量）接近于这种规则。

C 点是“较弱的环节占主导地位”。混合材料整体性能低于混合物规则，混合材料的算术平均值更接近于谐波。

D 点是“两者中最糟糕”的场景。不是我们想要的。

本书所设计的两种木质基夹芯结构，通过性能分析可以得出它们介于 A 点和 B 点之间，两种结构的性能都优于组成材料的性能。

依据 Gibson 和 Ashby 对多胞固体材料的研究，对多胞固体材料结构和性质的设计需要取决胞元结构。胞元结构可以简化为结构中的支撑杆和杆间连接的节点。支撑杆和节点的数量不同就会形成不同形式的胞元结构，胞元固体的密度和机械性能也就不同。多胞元固体结构主要分为两种结构形式，即以弯曲为主导的结构和以拉伸为主导的结构。胞元结构以拉伸为主导的结构时，当外加载荷时支撑杆主要承受轴向载荷，支撑杆以承受拉力为主。胞元结构以弯曲为主导的结构时，当结构受压缩载荷时，结构的支撑杆由于抵抗外力可能会发生旋转，使整体结构发生弯曲变形。当胞元结构承受压缩载荷时，拉伸主导形结构比弯曲主导形结构更有效，因为此时支撑杆处于完全加载状态的拉伸或压缩。对于 2D 胞元结构，胞元结构的分类可以用麦克斯韦稳定性数表示，麦克斯韦稳定性数可用式(4.19)表示。麦克斯韦稳定性数 M 为负值时结构以弯曲为主，而拉伸为主时系数 M 为正。

$$M=b-2j+3 \tag{4.19}$$

式中，b 是支撑杆数；j 是节点数。

木质基金字塔型结构中 b 是 4，j 是 8，M 则为 -11。木质基互锁格栅结构中 b 是 16，j 是 6，M 则为 7。因此，木质基金字塔型结构是弯曲主导的结构形式，木质基互锁格栅结构是拉伸为主导的结构形式。压缩实验也表明木质基互锁格栅结构的承载能力远大于木质基金字塔型结构。胞元结构在相同或相近的相对密度下，拉伸为主的胞状固体的模量和初始屈服强度远远大于弯曲为主的胞状固体。这使得以拉伸为主导的多孔固体材料在轻质结构应用方面比以弯曲为主导的结构材料更具吸引力。但以弯曲为主导的胞元结构在压缩过程中，虽然有较低的刚度和强度，但能量吸收的能力较好，应用在缓冲和包装方面是理想的材料。

4.3.3.4 有限元分析

有限元分析是基于 Auto Inventor 软件，在准静态压缩下，对木质金字塔点阵夹芯结构变形过程预测标准。有限元分析模型几何结构参数与实验试件相同。

在仿真过程中，上、下面板的固定板材料为结构钢，金字塔型结构胞元的上面板、下面板与芯子之间是固定连接，互锁格栅结构胞元的上面板、下面板与支撑板之间是固定连接。模型下面板水平固定，在上面板上施加载荷。准静态压缩仿真很难对木质结构进行弹塑性变化的定量描述。因此，本书只能定性地分析试件在平压载荷下的变化状态。模型选择实体单元为 C3D4，共有节点 20 985 个，元素 10 889 个。模型中的各个组成部件之间选择胶合连接，模型与上、下固定板间选择分离但无滑动连接方式。以胞元中间部分材料的极限应力(50.28 MPa)为依据，分析两种结构试件的承载能力，得出互锁格栅结构试件承载能力远大于金字塔型结构试件承载能力。在建筑工程结构设计中，通常采用安全系数来反映结构的安全程度。因此，从安全系数可以判断出结构破坏状态和破坏顺序。两种结构的仿真结构安全系数分布，如图 4.13 所示。仿真结果中，金字塔型结构的破坏首先发生在芯子根部，随着载荷的增大，芯子应力逐渐增加并传递到与芯子相接触的面板，面板上的应力随着外部载荷的不断增大向周围不断扩散，直至面板破坏。互锁格栅结构的破坏，首先发生在支撑板与上、下面板相接触的区域，随着外部载荷的增加支撑板上应力从上下同时向中间区域逐步扩大。同时上面板在接触区开始产生形变向四边扩大变形，支撑板应力从边缘向中心逐渐扩大直至整个面板。

仿真结果表明，当两种结构中间支撑部分材料极限应力相同时，金字塔型结构的破坏程度大于互锁格栅结构，这与试件实验时的结果一致。

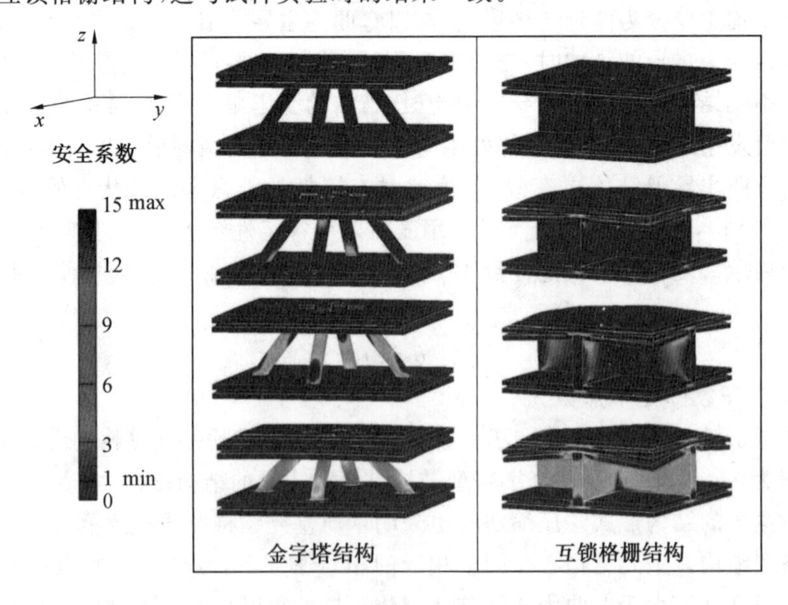

图 4.13 仿真结构安全系数分布图

4.4 性能分析

以落叶松指接材、WPC和OSB为面板材料的金字塔结构试件，以WPC为面板的试件承载力最大，以落叶松指接材为面板的试件承载力最小，以WPC为面板的试件承载力比以落叶松指接材为面板的试件承载力提高了21.69%。金字塔结构试件的承载能力与面板材料的密度成正比，面板材料的密度越大，试件的承载能力越大。但综合比较承载能力、压缩强度、比强度及质量载荷比4个方面的性能后，以OSB为面板材料的金字塔结构试件整体性能最好。

以落叶松指接材、胶合板和OSB为面板材料的互锁格栅结构试件，以OSB为面板材料的试件承载能力最大。在压缩强度、比强度及质量载荷比3个方面的性能，仍然是以OSB为面板材料的互锁格栅结构试件整体性能最好。

金字塔结构试件芯子的材料是Birch，互锁格栅结构试件支撑板的材料是落叶松指接材，这两种材料的密度和Compressive MOR值都近似相等，但Birch材料的Compressive MOE值是落叶松指接材的1.93倍。通过两种类型结构6种材料试件的平压力学性能试验，对试件的承载能力、位移及破坏形式分析表明，互锁格栅结构试件的平均承载力为122.97 kN，金字塔结构试件的平均承载力为12.96 kN，互锁格栅结构试件的平均承载力是金字塔结构试件的9.49倍，互锁格栅结构试件的承载能力远大于金字塔结构试件的承载能力。互锁格栅结构试件在极限载荷作用下的平均变形为10.28 mm，金字塔结构试件在极限载荷作用下的平均变形为7.33 mm，互锁格栅结构试件的抗变形能力比金字塔结构试件提高28.69%。

综合比较试件在承载能力、压缩强度、比强度及质量载荷比的性能后，金字塔结构和互锁格栅结构都是以OSB为面板的试件性能最佳。

采用有限元法分析试件的准静态压缩性能。由于木质材料是各向异性材料，因此可以仿真试件的承载能力，但不能准确描述木质材料的弹塑性。仿真分析表明，6种类型试件的承载能力、结构安全系数及破坏模式与实验测试时的破坏状态一致。

木质基材料属于低密度、高强度的材料，试验制备的6种试件表观密度均低于组成材料密度。在图4.14所示的材料密度与强度中，6种试件的表观密度均在低密度区但结构整体的平压强度都较高。6种试件的强度值在103.86～511.63 MPa，在自然材料区域中属于高强度材料，互锁格栅结构的3种试件强度均高于复合材料点阵结构区域。

比能量吸收(SEA)，即单位质量结构材料吸收的能量，是能量吸收过程中材料利用效率的一种度量。数值越高越好。

木质基夹芯结构的比能量吸收图如图4.15所示。图4.15中虚线部分为本书研究的木质基互锁格栅结构试件，其余为木质基点阵夹芯结构试件。图中试件组成材料有桦木锯材(Birch sawn timber)、杨木层积材(Poplar LVL panels)、PALF、WPC、GFRP、OSB、Birch、Beech、Plywood和Larch。木质基夹芯结构由其中的一种或两种材料组成。本书研究的互锁格栅结构试件的比能量吸收值为498.16 J/kg、618.28 J/kg及1 841.22 J/kg。试件的比能量吸收值与WPC+GFRP组合的夹芯结构最大值相接近，但结构密度却远小于它。

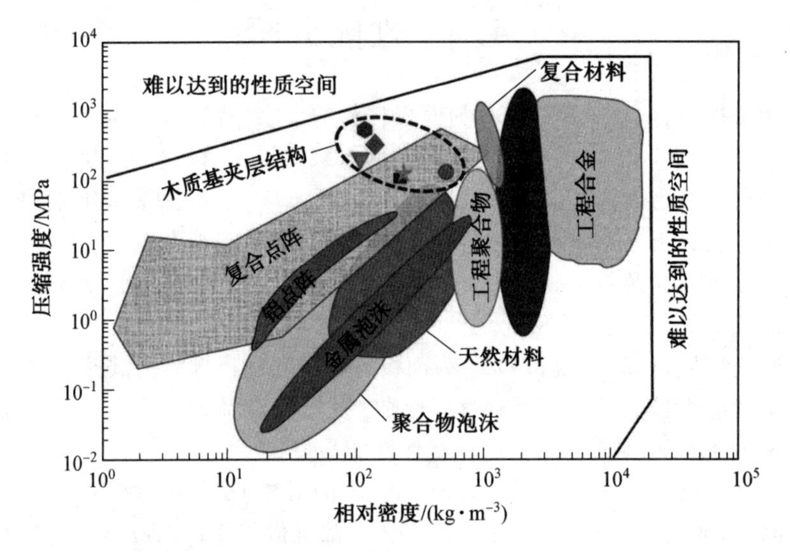

图 4.14 木质基夹芯结构平压强度与密度关系图

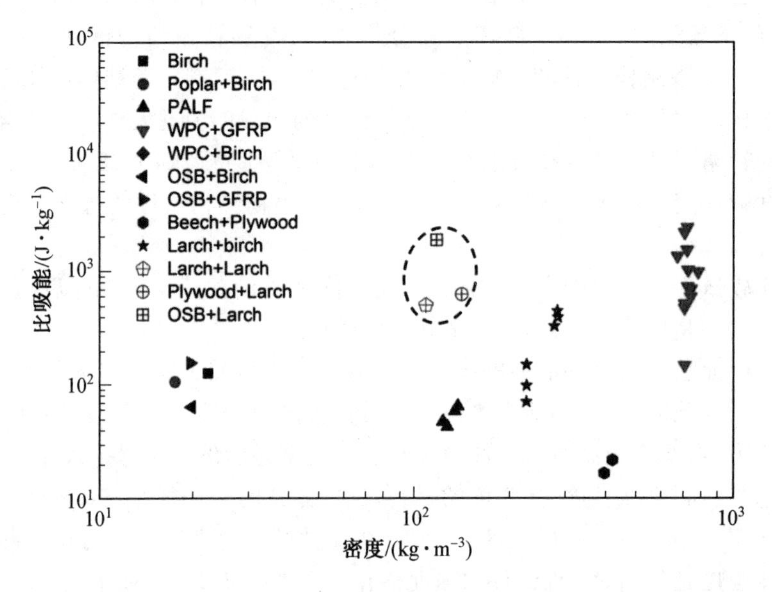

图 4.15 木质基夹芯结构比能量吸收图

综合以上分析得出，由互锁格栅结构和金字塔结构构成的试件在承载能力上有较大的差别，互锁格栅结构试件具有较高的承载能力，使得在压缩强度、比强度及质量载荷比3个方面互锁格栅结构试件性能也都优于金字塔结构试件。在受外部载荷作用时在垂直方向发生位移时，互锁格栅结构试件也具有较高的能量吸收能力。互锁格栅结构试件在制备、安装及装配方面相比于金字塔结构也更为方便。

本次研究的试件具有较大尺寸，建筑结构组件中可以较为方便地使用，同时还可以根据建筑结构应用场所对试件结构尺寸的要求进行调节。如果采用数字化木材加工技术加工木质基夹芯结构，不仅可以最大限度地减少木质基材料在加工过程中的误差而且还可以进行定制加工，形成数字创新和艺术设计相结合的轻质木结构建筑。同时，夹芯结构芯层的拓扑结构和面板材料的增强都将是今后研究工作的方向。

4.5　分析讨论

从图 4.11 和图 4.12 可以观察到两种木质夹层结构的机械性能差异。根据以往研究人员的研究结果，为了提高木质夹芯结构的力学性能，可以从 3 个方面改进设计结构。首先，核心层的材料和配置。目前人造芯层的构型主要有六角蜂窝、三角形、四边形、棱锥、直柱和 X 型等。核心层是承受外部载荷的主体。芯层的材质和配置不同，承载能力也不同。未来的研究方向可以是芯层密度梯度设计和岩心结构变截面设计。其次，增加芯材与面板的有效接触面积。在外载荷作用下，芯层与面板接触的区域是应力集中区域，是结构材料最容易损坏的区域。芯层与面板有效接触面积的增加，可以分散应力，有效提高结构材料的承载能力。最后，面板得到了增强。面板材料和结构的强化可以有效地提高人造夹芯结构的承载能力。

Wang 等人研究的木质夹层结构，可以有效地提高木质夹层结构的抗压强度和弹性模量，采用增加芯层与面板及面板钢筋有效接触面积的方法。郑腾腾等人研究的木质夹层结构和 Jerzy 等人可以有效提高夹层结构的力学性能。方法是改变芯材和构型，增加芯材与面板的有效接触面积。

同时研究表明，在制造木材时需要考虑芯层的加工、制造、安装、尺寸、高度、密度和方向以及夹芯板沿长轴的表面刚度等因素。

4.6　小　结

通过对两种类型(金字塔结构和互锁格栅结构)的木质基夹芯结构的静态平压测试，得出以下结论：

(1)平压测试得出，胞元的结构形式在试件的承载能力上占主导地位，胞元的组成材料占次要地位。互锁格栅结构试件在承载能力、压缩强度、比强度和质量载荷比方面都明显优于金字塔结构。

(2)试验测试金字塔结构试件的主要破坏形式为芯子断裂和面板开裂，互锁格栅结构试件的主要破坏形式为面板压溃断裂和支撑板在指接处开裂。随着试件承载能力的增加，金字塔结构试件的芯子断裂形式由芯子根部折断及劈裂逐渐上移至芯子中部，垂直于轴向的剪切断裂。互锁格栅结构试件的支撑板偏心矩越大破坏越严重。有限元分析得到的试件压缩性能和破坏顺序、形式与试验结果一致。

(3)理论分析得出木质基互锁格栅结构属于拉伸主导型结构，木质基金字塔结构属于弯曲主导型结构。试验测试在承载能力、压缩强度、比强度、质量载荷比及比能量吸收方面都与理论分析相一致。

第5章　夹芯元结构的压缩行为分析

夹芯结构材料可以在最小重量下获得较高的弯曲刚度，可以通过降低芯体的密度增加其高度，提高夹芯结构材料的弯曲刚度，从而使面板材料的强度得到充分利用。夹芯结构材料可以使材料的结构刚度增大、质量减小，有利于提高材料的屈曲载荷与固有频率、减小变形，也有利于降噪、隔热和减振，且材料的表面光滑将具有良好的空气动力学性能。由于受弯构件其上下表面处的应力最大，且应力与弯曲刚度成反比，从而夹芯结构材料可以用于抗弯和抗压环境中。随着夹芯结构材料在工程领域中的不断推广应用，对夹芯结构材料的比强度、比刚度、稳定性、抗疲劳、耐热性、结构尺寸等性能指标提出了更高的要求。点阵结构、Kagome、X－core等多种夹芯结构的提出，引起了研究者的兴趣并进行了深入研究。但这些夹芯结构较为复杂，因对其加工需要新工艺开发，加工难度大且制造成本偏高，使其不能在工程中得到推广应用。目前，蜂窝夹芯结构是设计理论和制造工艺技术都较为成熟和应用较为广泛的夹芯结构类型之一。

蜂窝结构材料是典型的多孔材料，具有平面内的二维单元阵列和平面外的平行堆叠的特性，具有周期性拓扑分布的特征，大多数蜂窝结构呈各向异性的特点。增加芯层厚度会大大增加蜂窝结构的刚度，而重量的增加是最小的。由于蜂窝结构的高刚度，无须使用外部加劲肋，例如梁和框架。蜂窝结构比其基体材料具有更高的孔隙率和更低的质量密度，因此，蜂窝结构材料具有更高的比吸能、比刚度和比强度等特性。重复的单胞拓扑结构可以显著影响超轻材料的机械性能。因此，通过合理设计单胞结构使蜂窝具有前所未有的特性，如负泊松比、压缩扭转和负刚度等。这些违反直觉的性能都源于它们的微观结构特征，而不是它的基体材料。由于其在断裂韧性、抗冲击性、散热、减振和降噪等方面的优异性能，蜂窝结构材料越来越多地应用于工程领域中。

每种蜂窝状结构材料都具有一定的特性和特定优势。蜂窝芯是标准且最常见的芯形状，它的名字来源于六角形细胞与蜂巢的相似性。蜂窝芯具有不同的单元尺寸和密度，密度较高且单元尺寸较小的结构比密度低且单元尺寸大的结构具有更高的硬度和更大的质量。仿生自然蜂窝的六角形蜂窝结构、三角形结构、方形结构、波纹结构及点阵结构等都是呈周期性的多胞固体结构，这些结构具有优异的力学性能，使其在航空航天、汽车、生物医学和建筑行业都得到了不同程度的应用。多胞固体夹芯结构中的胞元结构形式是影响夹芯结构整体力学性能的关键因素，受到了国内外研究人员的广泛关注，其中六角形蜂窝结构是学者们研究较为充分和应用最为广泛的一种形式。对蜂窝夹芯结构的优化设计、力学性、加工工艺及强度和刚度特性等方面的研究依然在不断深化创新，针对目前成熟的蜂窝夹芯结构进行改进设计或创新构型，将具有重要的创新意义和工程应用价值。

目前学者们对于蜂窝结构的研究大多集中于力学特性，对蜂窝结构变形失稳机理研究的较少，在单胞承载方向对蜂窝力学性能及失稳模式的影响研究仍有不足。将蜂窝结构引入建筑结构中，研究不同单胞形状与不同承载方向对蜂窝结构的力学特性，观测其失稳模式的变化。进行仿真数值模拟，从单胞变形出发，阐明蜂窝变形失稳机理。开展真实尺寸下蜂窝结构的仿真模拟，所得结论可以为建筑结构减振设计提供理论依据。

5.1　弹性各向异性材料力学特性

描述材料的力学性能通常用杨氏模量 E、剪切模量 G、弯曲模量 K、泊松比 ν 来表示。图 5.1 所示为材料中一点的应力状态。坐标系为 X_1、X_2、X_3，轴向应力为 σ_1、σ_2、σ_3，切向应力为 σ_{12}、σ_{23}、σ_{31}。依据胡克定律可以得到

$$\varepsilon_i = \sum_{i=1}^{6} \boldsymbol{S}_{ij}\sigma_j \tag{5.1}$$

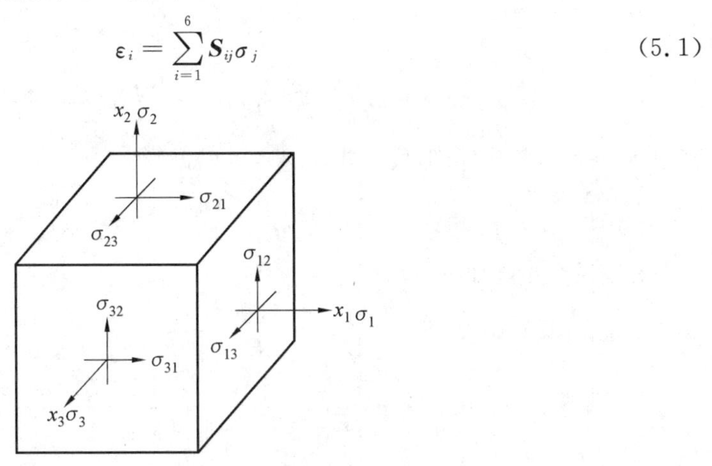

图 5.1　材料中一点的应力状态

式中，$\boldsymbol{S}_{ij}$ 为柔度矩阵。

可将式(5.1)写为

$$\left.\begin{aligned}
\varepsilon_1 &= S_{11}\sigma_1 + S_{12}\sigma_2 + S_{13}\sigma_3 + S_{14}\sigma_4 + S_{15}\sigma_5 + S_{16}\sigma_6\\
\varepsilon_2 &= S_{21}\sigma_1 + S_{22}\sigma_2 + S_{23}\sigma_3 + S_{24}\sigma_4 + S_{25}\sigma_5 + S_{26}\sigma_6\\
\varepsilon_3 &= S_{31}\sigma_1 + S_{32}\sigma_2 + S_{33}\sigma_3 + S_{34}\sigma_4 + S_{35}\sigma_5 + S_{36}\sigma_6\\
\varepsilon_4 &= S_{41}\sigma_1 + S_{42}\sigma_2 + S_{43}\sigma_3 + S_{44}\sigma_4 + S_{45}\sigma_5 + S_{46}\sigma_6\\
\varepsilon_5 &= S_{51}\sigma_1 + S_{52}\sigma_2 + S_{53}\sigma_3 + S_{54}\sigma_4 + S_{55}\sigma_5 + S_{56}\sigma_6\\
\varepsilon_6 &= S_{61}\sigma_1 + S_{62}\sigma_2 + S_{63}\sigma_3 + S_{64}\sigma_4 + S_{65}\sigma_5 + S_{66}\sigma_6
\end{aligned}\right\} \tag{5.2}$$

式中，ε_1、ε_2、ε_3 是拉伸应变；ε_4、ε_5、ε_6 是剪切应变；$\sigma_4=\sigma_{12}$，$\sigma_5=\sigma_{32}$，$\sigma_6=\sigma_{31}$是切应力。

$\boldsymbol{S}_{ij}$ 为柔度矩阵，是对称阵，$\boldsymbol{S}_{ij}$ 的未知数则减少到 21 个。描述正交各向异性材料的 $\boldsymbol{S}_{ij}$ 系数，无论是完全致密的还是多孔的材料都可以简化为 9 个独立的柔度系数，如

$$\boldsymbol{S}_{ij} = \begin{bmatrix}
S_{11} & S_{12} & S_{13} & - & - & -\\
S_{21} & S_{22} & S_{23} & - & - & -\\
S_{31} & S_{32} & S_{33} & - & - & -\\
- & - & - & S_{44} & - & -\\
- & - & - & - & S_{55} & -\\
- & - & - & - & - & S_{66}
\end{bmatrix} \tag{5.3}$$

在如图 5.1 所示平面内,3 个方向的杨氏模量为

$$E_1=\frac{1}{S_{11}},E_2=\frac{1}{S_{22}},E_3=\frac{1}{S_{33}} \tag{5.4}$$

3 个方向的剪切模量为

$$G_{23}=\frac{1}{S_{44}},G_{31}=\frac{1}{S_{55}},G_{12}=\frac{1}{S_{66}} \tag{5.5}$$

泊松比 ν_{ij} 定义为 j 方向的应变除以 i 方向的应变的负值,即垂直方向上的应变与载荷方向的应变之比的负值,如

$$\begin{aligned}\nu_{12}=-\frac{S_{21}}{S_{11}},\nu_{13}=-\frac{S_{31}}{S_{11}},\nu_{23}=-\frac{S_{32}}{S_{22}}\\ \nu_{21}=-\frac{S_{12}}{S_{22}},\nu_{31}=-\frac{S_{13}}{S_{33}},\nu_{32}=-\frac{S_{23}}{S_{33}}\end{aligned} \tag{5.6}$$

其中 $S_{12}=S_{21}$,将式(5.6)代入式(5.4),可以得到

$$\frac{\nu_{12}}{E_1}=\frac{\nu_{21}}{E_2}=-S_{12},\quad \frac{\nu_{13}}{E_1}=\frac{\nu_{31}}{E_3}=-S_{13},\quad \frac{\nu_{23}}{E_2}=\frac{\nu_{32}}{E_3}=-S_{23} \tag{5.7}$$

柔度系数矩阵如下所示

$$\boldsymbol{S}_{ij}=\begin{bmatrix}\frac{1}{E_1} & -\frac{\nu_{21}}{E_2} & -\frac{\nu_{31}}{E_3} & - & - & -\\ -\frac{\nu_{12}}{E_1} & \frac{1}{E_2} & -\frac{\nu_{32}}{E_3} & - & - & -\\ -\frac{\nu_{13}}{E_1} & -\frac{\nu_{23}}{E_2} & \frac{1}{E_3} & - & - & -\\ - & - & - & \frac{1}{G_{23}} & - & -\\ - & - & - & - & \frac{1}{G_{13}} & -\\ - & - & - & - & - & \frac{1}{G_{12}}\end{bmatrix} \tag{5.8}$$

可得到正交各向异性材料的应力应变关系

$$\left.\begin{aligned}\varepsilon_1=\frac{1}{E_1}(\sigma_1-\nu_{12}\sigma_2-\nu_{13}\sigma_3)\\ \varepsilon_2=\frac{1}{E_2}(\sigma_2-\nu_{23}\sigma_3-\nu_{21}\sigma_1)\\ \varepsilon_3=\frac{1}{E_3}(\sigma_3-\nu_{31}\sigma_1-\nu_{32}\sigma_2)\\ \gamma_{23}=\frac{\sigma_{23}}{G_{23}},\gamma_{13}=\frac{\sigma_{13}}{G_{13}},\gamma_{12}=\frac{\sigma_{12}}{G_{12}}\end{aligned}\right\} \tag{5.9}$$

5.2　单轴加载的蜂窝平面内特性

蜂窝结构最基本的胞元截面形状为正六边形，在此基础上发展了许多其他胞元截面形状的多孔材料。夹芯结构中蜂窝芯子的几何形状，目前可以分为六边形、菱形、矩形、五角形等多种结构形式，其中正六边形蜂窝结构规整、性能优异，应用最为广泛。蜂窝夹芯结构最早起源于蜜蜂蜂巢六边形结构，这种结构轻质高强且内部可利用空间多，具有巨大的潜力。现代蜂窝产品的制造大概始于 20 世纪 30 年代末，蜂窝夹层结构的上、下面板通常采用薄而强的材料，是结构的受力主体，一般承受拉伸、压缩或弯曲应力。夹层中的芯子在结构中起到连接和支撑面板的作用，同时提供剪切强度。蜂窝材料主要可以分为纸质、金属、聚合物和陶瓷。

图 5.2 所示的六角形蜂窝结构，是目前最常见的一种夹芯结构形式。蜂窝夹芯层的等效弹性参数研究是蜂窝夹芯结构设计的基础，深入研究夹芯层的力学特性具有重要的应用意义。蜂窝的尺寸主要包括蜂窝孔径、边长、壁厚及高等。图 5.2 所示的六角形蜂窝结构中细胞壁的厚度为 t，高度为 h，细胞壁的斜边长为 l，细胞壁的厚度为 b。在 X_1-X_2 平面蜂窝结构的强度和刚度都比较低，是由于在这个平面内细胞壁的弯曲强度较低。在 X_3 方向平面外的刚度和强度比较大，是因为需要对细胞壁进行轴向的拉伸或压缩。对平面内特性的研究有助于分析多胞固体结构的变形和失效机制，平面外特性的研究有利于对夹芯板蜂窝芯层结构的设计和分析结构的附加刚度。

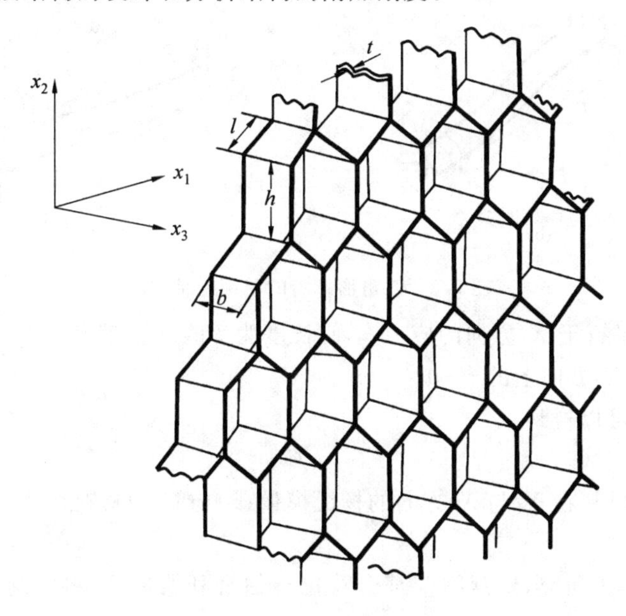

图 5.2　六角形蜂窝结构

假设六角形蜂窝结构是线弹性材料，从图 5.2 中取出一个蜂窝胞元，在 X_1 与 X_2 两个方向上分别施加载荷，则蜂窝结构胞元的细胞壁发生线弹性变形，如图 5.3 所示，图 5.3(a)为六角形蜂窝的单细胞结构。

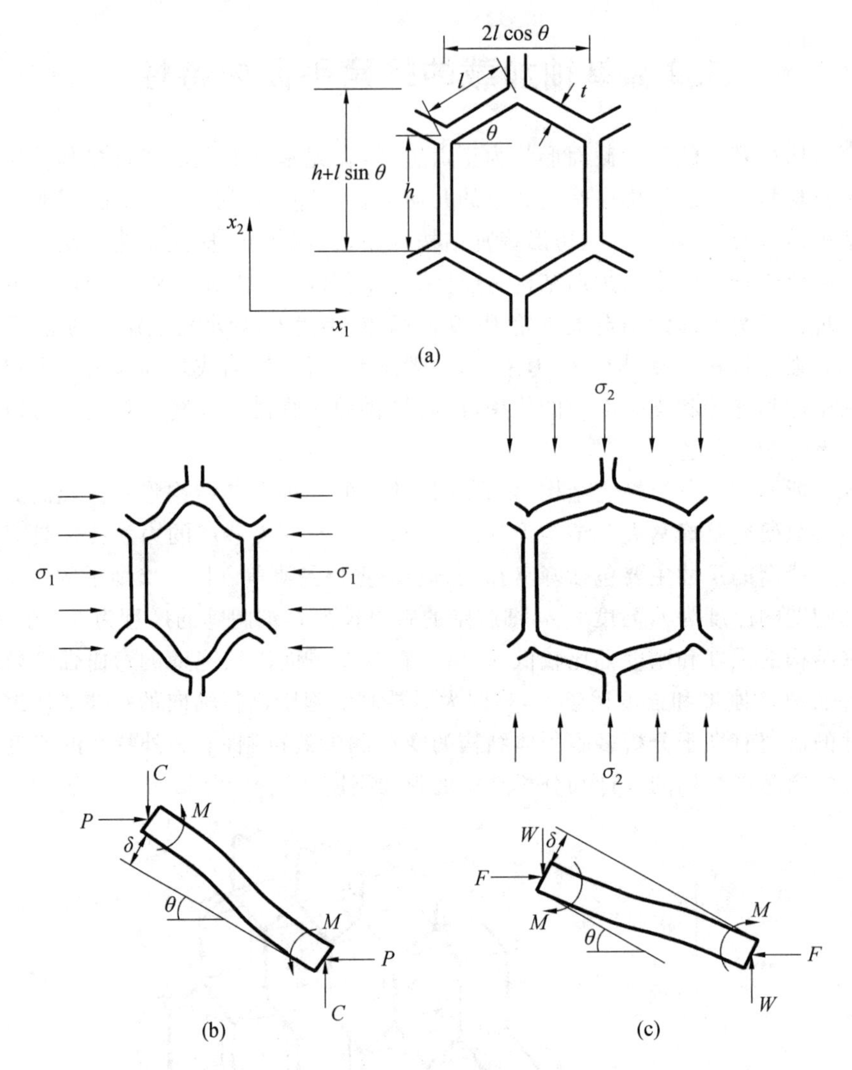

图 5.3　六角形蜂窝的单细胞结构

图 5.3(b)为平行于 X_1 方向的应力 σ_1 使长度为 l 的细胞壁发生弯曲，对其进行受力分析可知，平行于 X_2 方向上的 $c=0$。

依据式(5.7)可以得到

$$E_1\nu_2=E_2\nu_1 \tag{5.10}$$

式中，E_1 与 E_2 为材料在 X_1 与 X_2 方向的杨氏模量；ν_1 与 ν_2 为材料在 X_1 与 X_2 方向的泊松比。

依据 Evans 等人研究，蜂窝胞壁符合欧拉一伯努利梁理论，将细胞壁看作梁对其进行受力分析。其中：

力矩 M_{X1} 为

$$M_{X1}=\frac{Pl\sin\theta}{2} \tag{5.11}$$

力 P 为

$$P=\sigma_1(h+l\sin\theta)b \tag{5.12}$$

细胞壁的挠度为

$$\delta_{X1}=\frac{Pl^3\sin\theta}{12E_sI} \tag{5.13}$$

式中，I 为细胞壁的惯性矩：$I=\frac{bt^3}{12}$。

平行于 X_1 轴的细胞壁应变为

$$\varepsilon_1=\frac{\delta\sin\theta}{l\cos\theta}=\frac{\sigma_1(h+l\sin\theta)bl^2\sin^2\theta}{12E_sI\cos\theta} \tag{5.14}$$

平行于 X_1 轴的杨氏模量为 $E_1^*=\sigma_1/\varepsilon_1$，则

$$\frac{E_1}{E_s}=\left(\frac{t}{l}\right)^3\frac{\cos\theta}{(h/l+\sin\theta)\sin^2\theta} \tag{5.15}$$

泊松比是材料沿载荷方向产生伸长(或缩短)变形的同时，在垂直于载荷方向会产生缩短(或伸长)变形。垂直方向的应变与载荷方向上的应变之比的负值称为材料的泊松比。X_1 方向上蜂窝结构的泊松比为

$$\nu_1=-\frac{\varepsilon_2}{\varepsilon_1}=\frac{\cos^2\theta}{(h/l+\sin\theta)\sin\theta} \tag{5.16}$$

在 X_2 方向对细胞施加载荷，细胞壁的受力分析，如图 5.3(c)所示。

图 5.3(c)为平行于 X_2 方向，对细胞施加载荷产生的应力 σ_2 使长度为 l、壁厚为 b 的细胞壁发生弯曲，对其进行受力分析可知，平行于 X_1 方向上的 $F=0$。

X_2 方向的力

$$W=\sigma_2 lb\cos\theta \tag{5.17}$$

力矩 M_{X2} 为

$$M_{X2}=\frac{Wl\cos\theta}{2} \tag{5.18}$$

细胞壁的挠度为

$$\delta_{X2}=\frac{Wl^3\sin\theta}{12E_sI} \tag{5.19}$$

平行于 X_2 轴的细胞壁应变为

$$\varepsilon_2=\frac{\delta\sin\theta}{h+l\sin\theta}=\frac{\sigma_2bl^4\cos^3\theta}{12E_sI(h+l\sin\theta)} \tag{5.20}$$

平行于 X_2 轴的杨氏模量为 $E_2=\sigma_2/\varepsilon_2$，则

$$\frac{E_2}{E_s}=\left(\frac{t}{l}\right)^3\frac{(h/l+\sin\theta)}{\cos^3\theta} \tag{5.21}$$

X_2 方向上蜂窝结构的泊松比为

$$\nu_2=-\frac{\varepsilon_1}{\varepsilon_2}=\frac{(h/l+\sin\theta)\sin\theta}{\cos^2\theta} \tag{5.22}$$

当蜂窝结构承受剪切力时，其剪切模量的计算方法如图 5.4 所示。细胞壁弯曲和旋转引起的细胞变形，产生蜂窝的线弹性剪切。图 5.4(a)所示为未变形的蜂窝。由于蜂窝结构的对称性，当蜂窝结构受到剪切力时，A、B 和 C 点不发生相对运动。图 5.4(b)是细

胞壁受剪时的受力分析，剪切挠度 U_s 是由梁 BD 的弯曲及其围绕点 B 的旋转产生的，旋转角度为 φ。

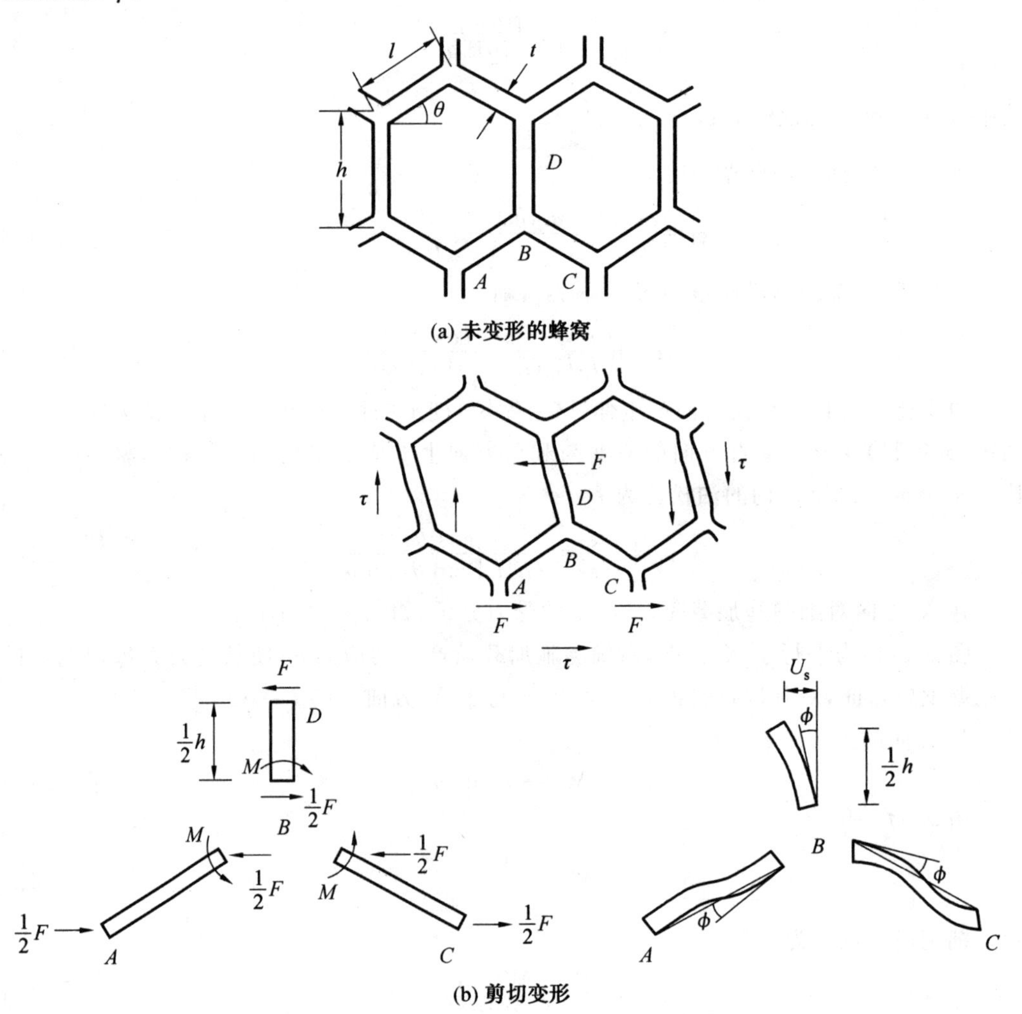

图 5.4　细胞壁的线弹性剪切

图 5.4(b)中 B 点处的受剪力分析，可以得到：

力矩

$$M=\frac{Fh}{4} \tag{5.23}$$

挠度计算公式

$$\delta=\frac{Ml^2}{6E_sI} \tag{5.24}$$

细胞壁转角

$$\varphi=\frac{Fhl}{24E_sI} \tag{5.25}$$

D 点相对于 B 点的剪切挠度为

$$U_s=\frac{1}{2}\varphi h+\frac{F}{3E_sI}\left(\frac{h}{2}\right)^3=\frac{Fh^2}{48E_sI}(l+2h) \tag{5.26}$$

剪切应变

$$\gamma=\frac{2U_s}{h+l\sin\theta}=\frac{Fh^2}{24E_sI}\frac{(l+2h)}{(h+l\sin\theta)} \tag{5.27}$$

剪切应力

$$\tau=\frac{F}{2lb\cos\theta} \tag{5.28}$$

剪切模量

$$G_{12}=\tau/\gamma \tag{5.29}$$

式(5.27)中代入相关量计算可得

$$\frac{G_{12}}{E_s}=\left(\frac{t}{l}\right)^3\frac{(h/l+\sin\theta)}{(h/l)^2(1+2h/l)\cos\theta} \tag{5.30}$$

5.3　蜂窝结构的等效参数

夹芯结构中的芯层对夹芯结构的力学性能有着重要影响，是夹芯结构受力的关键因素。蜂窝芯层结构的等效弹性参数是研究蜂窝夹芯结构的基础，对夹芯结构的力学性能研究具有重要的应用意义。

5.3.1　蜂窝芯层材料等效参数的 Gibson 公式

蜂窝结构材料可以等效为均质的正交异性材料，二维正交异性材料的应力应变关系 Gibson 公式为

$$\begin{pmatrix}\sigma_x\\ \sigma_y\\ \tau_{xy}\end{pmatrix}=\begin{pmatrix}\frac{E_1}{1-\nu_1\nu_2} & \frac{E_1\nu_2}{1-\nu_1\nu_2} & \\ \frac{E_2\nu_1}{1-\nu_1\nu_2} & \frac{E_2}{1-\nu_1\nu_2} & \\ & & G_{xy}\end{pmatrix}\begin{pmatrix}\varepsilon_x\\ \varepsilon_y\\ \gamma_{xy}\end{pmatrix} \tag{5.31}$$

式中，E_1 为 X 方向蜂窝夹芯结构力学等效模型材料的杨氏模量；E_2 为 Y 方向蜂窝夹芯结构力学等效模型材料的杨氏模量；ν_1 为 X 方向蜂窝夹芯结构力学等效模型材料的泊松比；ν_2 为 Y 方向蜂窝夹芯结构力学等效模型材料的泊松比。

正交异性弹性材料的泊松比满足

$$E_1\nu_2=E_2\nu_1 \tag{5.32}$$

微观力学中，将蜂窝夹芯结构中的每一个六边形单元定义为细胞单元体，简称胞元。六边形蜂窝夹芯结构的胞元，如图 5.5 所示。

图 5.5 中 l 是胞元的长(mm)，h 是胞元的高度(mm)，t 是胞元的厚度(mm)，θ 是胞元长度与高度的夹角(°)。依据胞元结构 Gibson 推导出的胞元等效弹性参数为

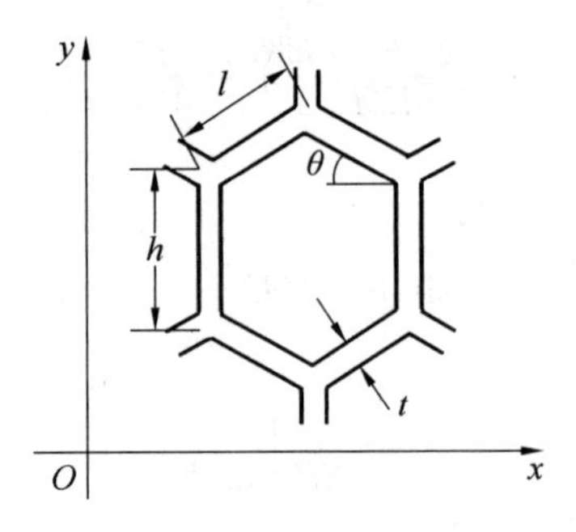

图 5.5　六边形蜂窝夹芯结构胞元

$$\left.\begin{aligned}E_1&=E_s\frac{t^3}{l^3}\frac{\cos\theta}{(\beta+\sin\theta)\sin^2\theta}\\ \nu_1&=\frac{\cos^2\theta}{(\beta+\sin\theta)\sin\theta}\\ E_2&=E_s\frac{t^3}{l^3}\frac{(\beta+\sin\theta)}{\cos^3\theta}\\ \nu_2&=\frac{(\beta+\sin\theta)\sin\theta}{\cos^2\theta}\\ G_{xy}&=E_s\frac{t^3}{l^3}\frac{(\beta+\sin\theta)}{\beta^2(2\beta+1)\cos\theta}\end{aligned}\right\}\tag{5.33}$$

式中，E_s 为蜂窝胞元细胞壁材料的杨氏模量；$\beta=h/l$。

由于式(5.31)中的 $\nu_1\cdot\nu_2=1$，因此导致 Gibson 公式(5.33)不能直接使用，出现这一问题的原因在于该公式没有考虑蜂窝胞元壁板的伸缩变形。

5.3.2　考虑壁板伸缩变形的蜂窝材料等效参数

Gibson 公式由于没有考虑蜂窝胞元壁板的伸缩变形，致使它不能直接在工程中使用。因此，必须考虑蜂窝胞元壁板的伸缩变形。六角形蜂窝夹芯胞元的示意图如图 5.6 所示。平面中六角形蜂窝的变形可以将其分解为 X 和 Y 方向的变形，依据胞元模型在不同方向下受力状态的分析，推导出胞元的力学参数。

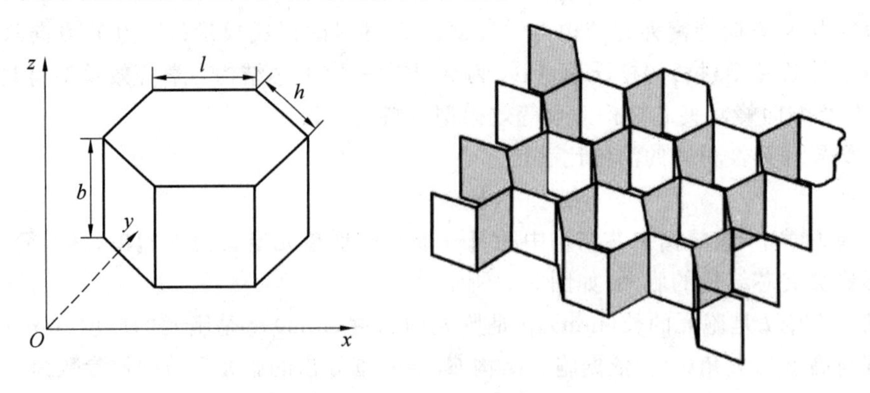

图 5.6　六角形蜂窝夹芯胞元示意图

1. 六角形蜂窝胞元在 X 方向的等效弹性常数

首先考虑六角形蜂窝胞元在 X 方向处于单向拉伸状态下，假设等效后的均质材料模型如图 5.7(a)所示。5.7(b)是截取六角形蜂窝胞元的 ABC 段进行分析，5.7(c)为胞元壁 AB 段水平变形。

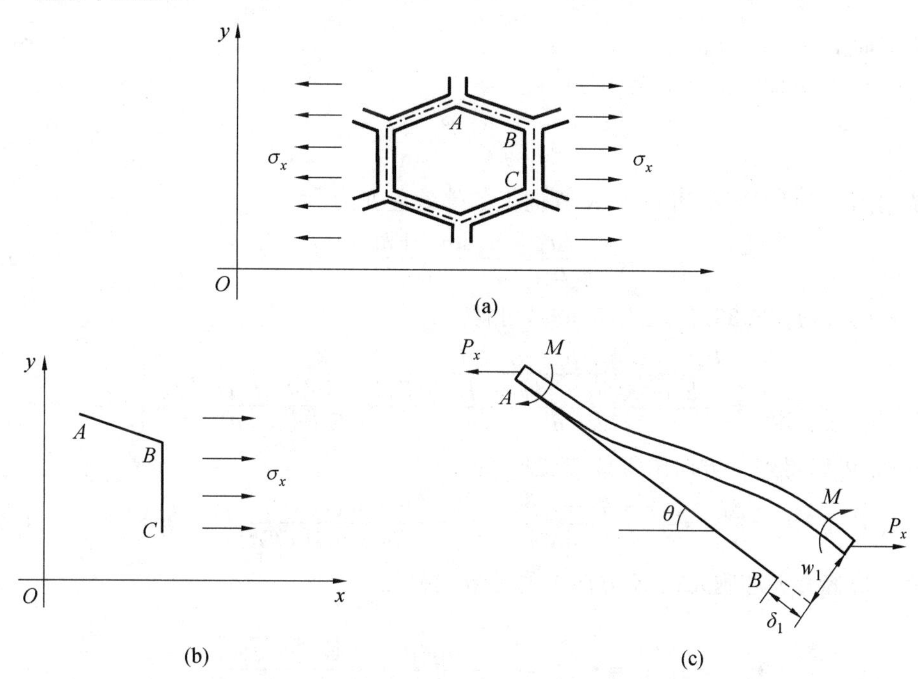

图 5.7　六角形蜂窝夹芯胞元在 X 方向拉伸变形

根据力的平衡条件得

$$M=\frac{1}{2}P_x l\sin\theta \tag{5.34}$$

力 P 为

$$P_x=\sigma_x(h+l\sin\theta)b \tag{5.35}$$

式中，M 为六角形蜂窝夹芯胞元节点弯矩，N · m；P_x 为六角形蜂窝夹芯胞元节点外力，N；l 为六角形蜂窝夹芯胞元长度，m；h 为六角形蜂窝夹芯胞元宽度，m；b 为六角形蜂窝夹芯胞元高度，m。

为分析胞元结构在水平方向应力 σ_x 作用下受力分析，将胞元壁 AB 看作 A 端固定的悬臂梁，它受到集中力 P_x 与力矩 M 的共同作用。力矩 M 使 AB 顺时针旋转，力 P_x 使 AB 逆时针旋转，以逆时针旋转为正。计算胞元壁 AB 的挠度为

$$w_1=-\frac{Ml^2}{2EI}+\frac{P_x l^3\sin\theta}{3E_s I}=-\frac{P_x l^3\sin\theta}{4EI}+\frac{P_x l^3\sin\theta}{3E_s I}=\frac{P_x l^3\sin\theta}{12E_s I} \tag{5.36}$$

其中，$I=\frac{1}{12}bt^3$ 惯性矩代入式(5.36)可得

$$w_1=\frac{P_x l^3\sin\theta}{E_s bt^3} \tag{5.37}$$

依据胡克定律，在外力 P_x 的作用下胞元壁板 AB 拉伸长度为

$$\delta_1=\varepsilon_{AB}^{x}l=\frac{\sigma_{AB}^{x}}{E_s}l=\frac{P_x\cos\theta}{bt}\frac{l}{E_s} \tag{5.38}$$

式中，$\varepsilon_{AB}=\frac{\sigma_{AB}}{E_s}$为胞元壁板 AB 在外力 P_x 的作用下线应变；$\sigma_{AB}=\frac{P_x\cos\theta}{bt}$为胞元壁板 AB 在其横截面上的正应力。

胞元在 X 方向上的正应力为

$$\sigma_x=\frac{P_x}{hb+bl\sin\theta} \tag{5.39}$$

依据图 5.7(b)所示，可得在 X 方向上的等效应变为

$$\varepsilon_x=\frac{\Delta l_x}{l_x}=\frac{w_1\sin\theta+\delta_1\cos\theta}{l\cos\theta} \tag{5.40}$$

将式(5.37)、(5.38)代入式(5.39)，可得

$$\varepsilon_x=\frac{\frac{P_x l^3\sin^2\theta}{E_s bt^3}+\frac{p_x l\cos^2\theta}{bt}\frac{l}{E_s}}{l\cos\theta}=\frac{P_x(l^2\sin^2\theta+t^2\cos^2\theta)}{E_s bt^3\cos\theta} \tag{5.41}$$

同理，可以得到 y 方向的等效应变 ε_y 为

$$\varepsilon_y=\frac{\Delta l_y}{l_y}=\frac{\delta_1\sin\theta-w_1\cos\theta}{h+l\sin\theta}=-\frac{P_x\sin\theta\cos\theta l^3}{E_s b(h+l\sin\theta)t^3}\left(1-\frac{t^2}{l^2}\right) \tag{5.42}$$

六角形蜂窝夹芯胞元在 X 方向上的等效泊松比 ν_x 为

$$\nu_x=\left|\frac{\varepsilon_y}{\varepsilon_x}\right|=-\frac{\varepsilon_y}{\varepsilon_x}=\frac{\cos^2\theta}{(\beta+\sin\theta)\sin\theta}\frac{1-\frac{t^2}{l^2}}{1+\cot^2\theta\times\frac{t^2}{l^2}} \tag{5.43}$$

式中，$\beta=\frac{h}{l}$。

依据弹性模量的定义，可得到六角形蜂窝夹芯胞元在 X 方向上的等效弹性模量 E_x 为

$$E_x=\frac{\sigma_x}{\varepsilon_x}=E_s\frac{t^3}{l^3}\frac{\cos\theta}{(\beta+\sin\theta)\sin^2\theta}\times\frac{1}{1+\cot^2\theta\times\frac{t^2}{l^2}} \tag{5.44}$$

2. 六角形蜂窝胞元在 Y 方向的等效弹性常数

六角形蜂窝胞元在 Y 方向处于单向拉伸状态下，假设等效后的均质材料模型如图 5.8(a)所示。5.8(b)是截取六角形蜂窝胞元的 ABC 段进行分析，5.8(c)为胞元壁 AB 段水平变形。

根据力的平衡条件得

$$M=\frac{1}{2}P_y l\sin\theta \tag{5.45}$$

力 P 为

$$P_y=\sigma_{cy}A_y=\sigma_{cy}l\cos\theta b \tag{5.46}$$

式中，M 为六角形蜂窝夹芯胞元节点弯矩，N · m；P_y 为六角形蜂窝夹芯胞元节点外

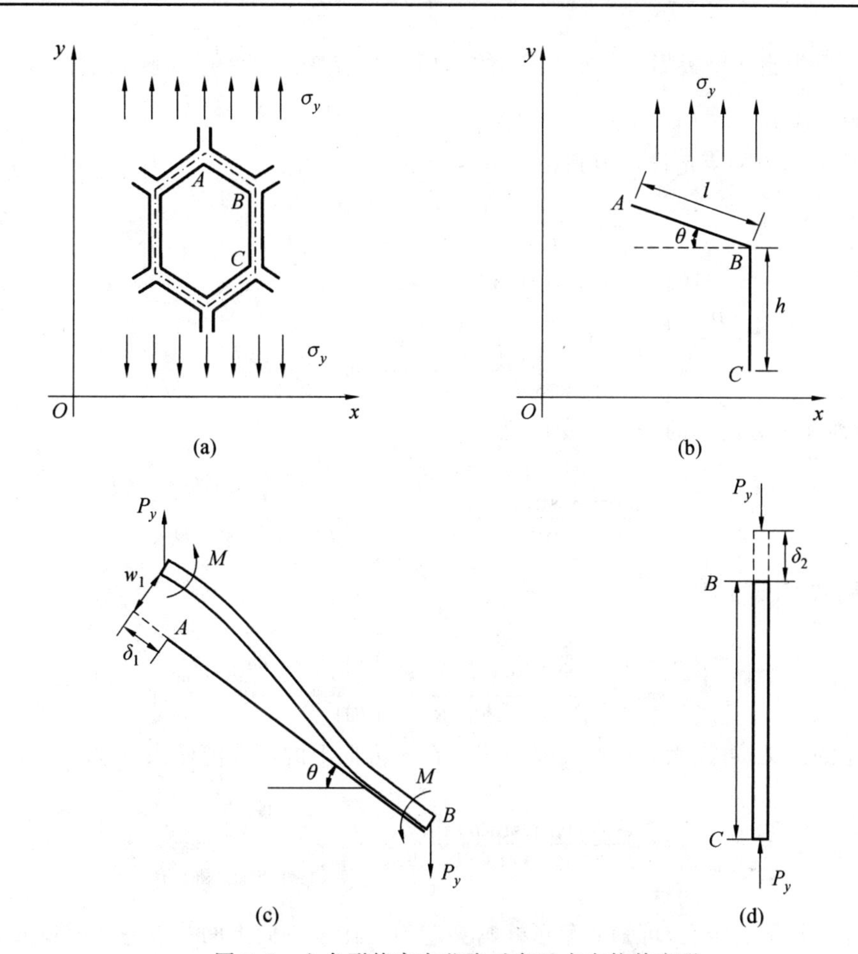

图 5.8　六角形蜂窝夹芯胞元在 Y 方向拉伸变形

力，N；A_y 为六角形蜂窝夹芯胞元在 y 方向受力截面积，m^2。

依据材料力学梁弯曲理论，可得到壁板 AB 的挠度为

$$w_1=\frac{P_y l^3 \cos\theta}{12E_s I} \tag{5.47}$$

其中，$I=\frac{1}{12}bt^3$ 惯性矩代入式(5.46)中可得

$$w_1=\frac{P_y l^3 \cos\theta}{E_s bt^3} \tag{5.48}$$

依据胡克定律，在外力 P_y 的作用下胞元壁板 AB 轴向伸长量为

$$\delta_1=\varepsilon_{AB}^y l=\frac{\sigma_{AB}^y}{E_s}l=\frac{P_y \sin\theta}{bt}\frac{l}{E_s} \tag{5.49}$$

式中，$\varepsilon_{AB}^y=\frac{\sigma_{AB}^y}{E_s}$为胞元壁板 AB 在外力 P_y 的作用下线应变；$\sigma_{AB}^y=\frac{P_y \sin\theta}{bt}$为胞元壁板 AB 在其横截面上的正应力。

胞元壁板 BC 的轴向伸长量为

$$\delta_2=\varepsilon_{BC}^y h=\frac{\sigma_{BC}^y}{E_s}h=\frac{P_y}{bt}\frac{h}{E_s} \tag{5.50}$$

式中，$\varepsilon_{BC}^{y}=\dfrac{\sigma_{BC}^{y}}{E_s}$为胞元壁板 BC 在外力 P_y 的作用下线应变；$\sigma_{BC}^{y}=\dfrac{P_y}{bt}$为胞元壁板 BC 在其横截面上的正应力。

依据图 5.8，由胡克定律可得到在 x 方向上的等效应变 ε_{cx} 为

$$\varepsilon_{cx}=\frac{\Delta l_x}{l_x}=\frac{\delta_1\cos\theta-w_1\sin\theta}{l\cos\theta} \tag{5.51}$$

将式(5.47)、(5.48)代入式(5.51)可得

$$\varepsilon_{cx}=\frac{\dfrac{P_y\sin\theta}{bt}\dfrac{l}{E_s}\cos\theta-\dfrac{P_y l^3\cos\theta}{E_s bt^3}\sin\theta}{l\cos\theta}=\frac{P_y l^2\sin\theta}{E_s bt^3}\left(1-\frac{t^2}{l^2}\right) \tag{5.52}$$

同理，可得到在 y 方向上的等效应变 ε_{cy} 为

$$\varepsilon_{cy}=\frac{\Delta l}{l}=\frac{w_1\cos\theta+\delta_1\sin\theta+\delta_2}{h+l\sin\theta}=\frac{P_y l^3\left(\cos^2\theta+\dfrac{t^2}{l^2}\sin^2\theta+\dfrac{t^2}{l^3}h\right)}{E_s bt^3(h+l\sin\theta)} \tag{5.53}$$

令 $\beta=\dfrac{h}{l}$，则式(5.53)为

$$\varepsilon_{cy}=\frac{P_y l^2\ \cos^2\theta\left[1+\dfrac{t^2}{l^2}(\tan^2\theta+\beta\sec^2\theta)\right]}{E_s bt^3(\beta+\sin\theta)} \tag{5.54}$$

依据泊松比的定义，可知六角形蜂窝夹芯胞元在 y 方向上的等效泊松比 ν_{cy} 为

$$\nu_{cy}=\left|\frac{\varepsilon_{cx}}{\varepsilon_{cy}}\right|=-\frac{\varepsilon_{cx}}{\varepsilon_{cy}}=\frac{(\beta+\sin\theta)\sin\theta}{\cos^2\theta}\times\frac{1-\dfrac{t^2}{l^2}}{1+(\tan^2\theta+\beta\sec^2\theta)\dfrac{t^2}{l^2}} \tag{5.55}$$

依据弹性模量的定义，可知六角形蜂窝夹芯胞元在 y 方向上的等效弹性模量 E_{cy} 为

$$E_{cy}=-\frac{\sigma_{cy}}{\varepsilon_{cy}}=E_s\,\frac{t^3}{l^3}\frac{(\beta+\sin\theta)}{\cos^3\theta}\times\frac{1}{1+(\tan^2\theta+\beta\sec^2\theta)\dfrac{t^2}{l^2}} \tag{5.56}$$

3. 六角形蜂窝的等效密度

六角形蜂窝胞元的等效密度在工程应用中是一个重要参量。六角形蜂窝夹芯胞元等效模型如图 5.9 所示。图 5.9(a)为两两胞相交接处是单壁厚，图 5.9(b)为两两胞相交接处是双壁厚。取矩形 $ABCD$ 包围的 Y 形蜂窝胞元作为基本单元体来求解六角形蜂窝夹芯结构的等效密度。

矩形 $ABCD$ 包围的胞元由 AD、DE 和 BD 三部分组成，Y_a 形蜂窝胞元体积为

$$V_a=2ltb+htb \tag{5.57}$$

Y_a 形蜂窝胞元质量为

$$m_a=\rho_s V_a=\rho_s(2l+h)tb \tag{5.58}$$

Y_b形蜂窝胞元体积为

$$V_b=2ltb+2htb \tag{5.59}$$

Y_b形蜂窝胞元质量为

$$m_b=\rho_s V_b=2\rho_s(l+h)tb \tag{5.60}$$

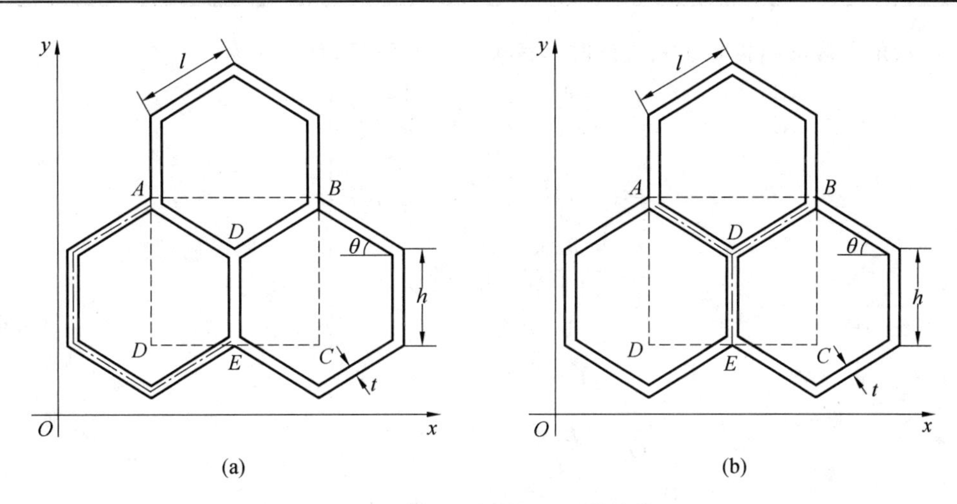

图 5.9　六角形蜂窝夹芯胞元等效模型

式中，ρ_s 为六角形蜂窝夹芯胞元材料的密度，kg/m^3。

Y 形蜂窝胞元的所在实体模型矩形 $ABCD$ 所围成的长方体，其等效体积为

$$V_{ABCD}=2l\cos\theta(l\sin\theta+h) \tag{5.61}$$

等效 Y 形蜂窝胞元质量为

$$m_{ABCD}=\rho_s V_{ABCD}=\rho_c 2l\cos\theta(l\sin\theta+h)b \tag{5.62}$$

式中，ρ_c 为六角形蜂窝夹芯胞元材料的等效密度，kg/m^3。

根据等效的质量守恒原理，$m_{ABCD}=m_1$，可以得到

$$\rho_{ac}=\frac{\rho_s t(2l+h)}{2l\cos\theta(l\sin\theta+h)} \tag{5.63}$$

$$\rho_{bc}=\frac{\rho_s t(l+h)}{l\cos\theta(l\sin\theta+h)} \tag{5.64}$$

由于蜂窝夹芯胞元壁板的伸缩变形主要是纵向变形，对于蜂窝夹芯结构的等效横向剪切模量 G_{CXY} 影响不大，可以采用 Gibson 公式中的剪切模量表达式。

综合上面推导，可以得到工程中应用的六角形蜂窝夹芯结构的等效弹性常数表达式为

$$\left.\begin{aligned}
E_{cx}&=E_s\frac{t^3}{l^3}\frac{\cos\theta}{(\beta+\sin\theta)\sin^2\theta}\times\frac{1}{1+\cot^2\theta\times t^2/l^2}\\
E_{cy}&=E_s\frac{t^3}{l^3}\frac{(\beta+\sin\theta)}{\cos^3\theta}\times\frac{1}{1+(\tan^2\theta+\beta\sec^2\theta)\times t^2/l^2}\\
\nu_{cx}&=\frac{\cos^2\theta}{(\beta+\sin\theta)\sin\theta}\times\frac{1-t^2/l^2}{1+\cot^2\theta\times t^2/l^2}\\
\nu_{cy}&=\frac{(\beta+\sin\theta)\sin\theta}{\cos^2\theta}\times\frac{1-t^2/l^2}{1+(\tan^2\theta+\beta\sec^2\theta)t^2/l^2}\\
G_{xy}&=E_s\frac{t^3}{l^3}\frac{(\beta+\sin\theta)}{\beta^2(2\beta+1)\cos\theta}\\
\rho_c&=\frac{t(l+h)\rho_s}{l\cos\theta(l\sin\theta+h)}
\end{aligned}\right\} \tag{5.65}$$

当六角形蜂窝结构是正六边形时，$\theta=30^\circ, l=h, \beta=1$，有

$$\left.\begin{aligned}
E_{cx}&=\frac{4}{\sqrt{3}}E_s\frac{t^3}{l^3}\times\frac{1}{1+3t^2/l^2}\\
E_{cy}&=\frac{4}{\sqrt{3}}E_s\frac{t^3}{l^3}\times\frac{1}{1+5t^2/3l^2}\\
\nu_{cx}&=\frac{1-t^2/l^2}{1+3t^2/l^2}\\
\nu_{cy}&=\frac{1-t^2/l^2}{1+\frac{5}{3}t^2/l^2}\\
G_{xy}&=\frac{E_s}{\sqrt{3}}\frac{t^3}{l^3}\\
\rho_c&=\frac{8t\rho_s}{3\sqrt{3}\,l}
\end{aligned}\right\}\tag{5.66}$$

5.4　四边形蜂窝夹芯结构的等效参数

四边形蜂窝夹芯结构可以从六角形蜂窝夹芯结构变化而来，其等效弹性常数的推导方法也与六角形蜂窝夹芯结构相似。四边形蜂窝夹芯结构胞元的结构，如图 5.10 所示。

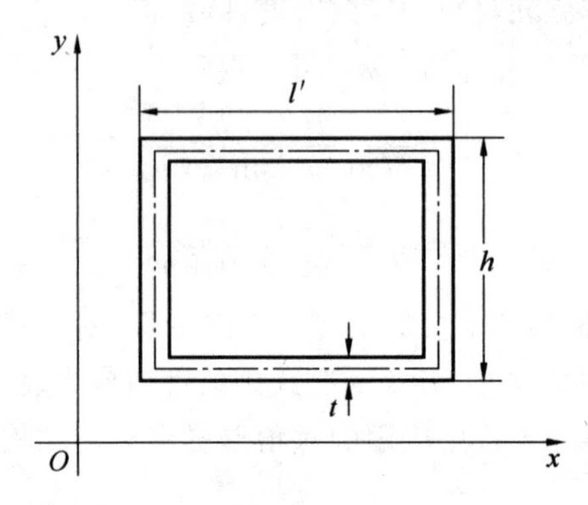

图 5.10　四边形蜂窝夹芯结构胞元的结构

将六角形蜂窝夹芯结构胞元与四边形蜂窝夹芯结构胞元相比较，可以发现当六角形蜂窝结构胞元的夹角 $\theta=0^\circ, l=2l'$ 时，六角形结构可以成为四边形结构，如图 5.11 所示。四边形蜂窝夹芯结构与六角形蜂窝夹芯结构，通过夹角 θ 与边长 l 的调整，二者可以互相演变。

当四边形结构的 $\theta=0^\circ, l'=2l, \beta'=\beta/2(\beta'=h/l')$ 时，将其代入六角形蜂窝结构夹芯等效弹性常数公式(5.65)，其结果为

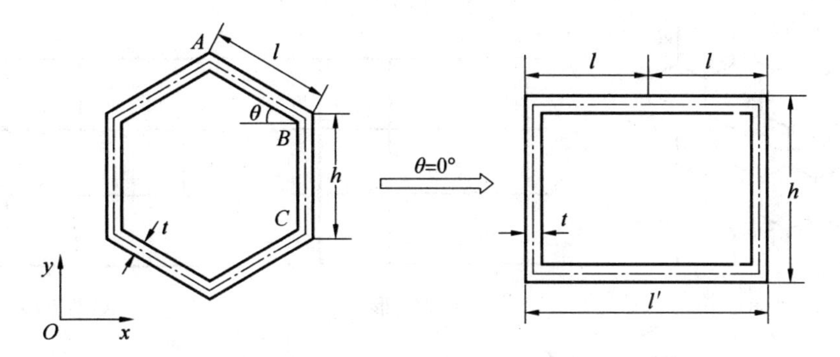

图 5.11　六角形结构胞元演变为四边形结构胞元

$$
\left.\begin{aligned}
E_{cx}&=E_s\frac{t}{h}=E_s\frac{t}{l'\beta'}\\
E_{cy}&=\frac{E_s ht^3}{l^4+hlt^2}=E_s\cdot\frac{\beta t^3}{l^3}\times\frac{1}{1+\beta\frac{t^2}{l^2}}=16E_s\beta'\left(\frac{t}{l'}\right)^3\times\frac{1}{1+8\beta'(t/l')^2}\\
\nu_{cx}&=\nu_{cy}\approx 0\\
G_{xy}&=4E_s\left(\frac{t}{l'}\right)^3\frac{1}{\beta'(4\beta'+1)}\\
\rho_c&=\frac{t(1+\beta')\rho_s}{l'\beta'}
\end{aligned}\right\}\tag{5.67}
$$

当四边形结构为正方形结构时，$l'=h,\beta'=1$，则有

$$
\left.\begin{aligned}
E_{cx}&=E_s\frac{t}{l'}\\
E_{cy}&=16E_s\left(\frac{t}{l'}\right)^3\times\frac{1}{1+8(t/l')^2}\\
\nu_{cx}&=\nu_{cy}\approx 0\\
G_{xy}&=\frac{4}{5}E_s\left(\frac{t}{l'}\right)^3\\
\rho_c&=\frac{2t\rho_s}{l'}
\end{aligned}\right\}\tag{5.68}
$$

5.5　类方形蜂窝夹芯结构的等效参数

5.5.1　类方形蜂窝在 X 方向的等效弹性常数

蜂窝夹芯结构是近年来研究较为普遍、应用较为常见，在航空航天、铁路交通、船舶、建筑等诸多领域都有着极其重要的应用前景和使用价值的结构形式。夹芯结构常见的芯层结构是六角形胞元结构，如图 5.12(a)所示，对其进行细致研究后发现，当六角形结构中斜边与水平方向的夹角 $\theta=0°$时，六角形蜂窝结构可以演变成新形的结构，即四边形结构和类方形结构，如图 5.12(b)、(c)所示。

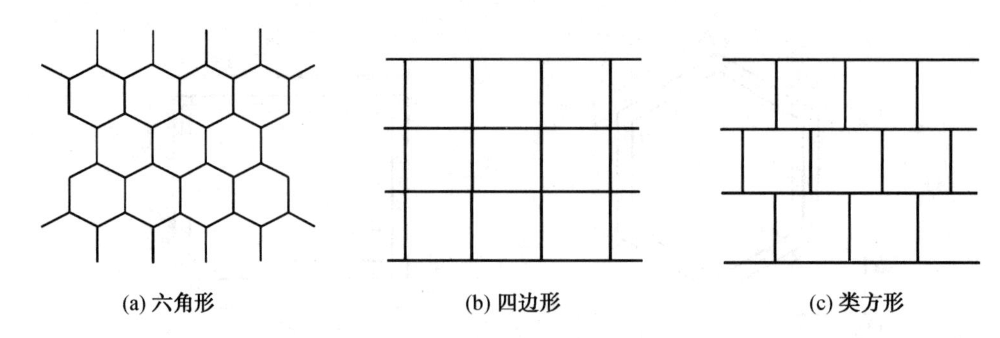

(a) 六角形　(b) 四边形　(c) 类方形

图 5.12　六角形结构胞元演变为四边形结构胞元

图 5.12(c)所示的类方形结构，对其结构的等效力学参数求解，童冠采用等效模型与胞元模型相等的原理进行求解，即将蜂窝胞元模型处于单向受力状态，推导出在该状态下对应的应力应变量；保持受力状态不变，建立等效模型，即将蜂窝夹芯层等效为均质实心体，进行应力应变的求解。由于等效模型结构与原胞元模型结构等价，因此在同样受力状态下，模型的应力应变量相等，由此建立方程求解所得到的夹芯结构等效力学性能参数。表征蜂窝夹芯结构整体力学性能的 3 个等效力学参数，分别是蜂窝夹芯结构的面内等效弹性模量 E_{CX}、E_{CY} 和面内剪切模量 G_{CXY}。

Warren 总结前人对模型蜂窝材料的研究得出，泡沫形态主要取决于结构的维度以及连接材料的特定排列和形状；泡沫结构相对于应变主轴的取向；泡沫的微观结构变形机制与细胞壁材料的弹性特性相关。这些结论同样适用于蜂窝结构。采用胞元分解原理，根据类方形蜂窝结构中胞元周期性重复排列的特点，选取 T 形胞元模型进行力学性能分析，如图 5.13 所示。图 5.13(a)所示为从类方形蜂窝结构中取出虚线所包围的四边形，即类方形蜂窝结构胞元，称为 T 模型，如图 5.13(b)所示。T 模型的几何要素分别为，胞元长 $2l$、高 h 和壁厚 t。T 模型的特点是，T 模型的长和高所在矩形面积等于类方形蜂窝孔的面积；每个 T 模型单元有 3 个完整胞壁，单独属于每个类方形蜂窝的完整胞壁也是 3 个。

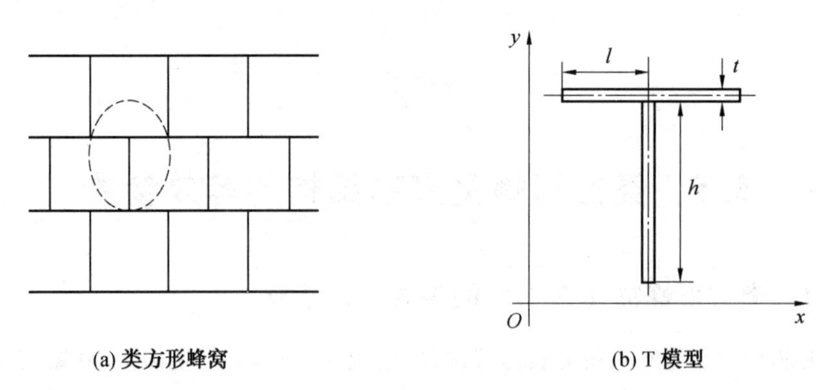

(a) 类方形蜂窝　(b) T 模型

图 5.13　类方形蜂窝结构及胞元尺寸

5.5.2 类方形蜂窝 X 方向等效弹性模量

代表类方形蜂窝结构胞元的T模型在 X 方向上的受力分析，取如图5.13(a)所示类方形蜂窝结构中虚线所围成的T模型类方形蜂窝胞元进行研究。其等效体为图5.13(b)所示的T形，取厚度 $t=b$ 的类方形蜂窝胞元进行研究。当T模型胞元在 X 方向上的受力如图5.14所示。图5.14(a)为在拉力状态下的等效模型，图5.14(b)为拉力状态下模型的受力分析。依据图5.14受力分析，可以得到

$$\sigma_x=\frac{P_x}{bh} \tag{5.69}$$

图5.14(b)中 A 点处的转角为零，力矩 $M_x=0$。因此，在 P_x 作用下 AB、BC 杆轴向伸长量为

$$\delta_{ABx}=\delta_{BCx}=\frac{P_x l}{E_s bt} \tag{5.70}$$

等效体受力分析时在 X、Y 方向的等效应变 $\varepsilon_x=\frac{\delta_{AB}}{l}$，$\varepsilon_y=0$，在 X 方向的泊松比

$$\nu_x=\frac{\varepsilon_y}{\varepsilon_x}=0 \tag{5.71}$$

弹性模量

$$E_{cx}=\frac{\sigma_x}{\varepsilon_x}=\frac{P_x/bh}{P_x l/E_x blt}=\frac{E_x t}{h} \tag{5.72}$$

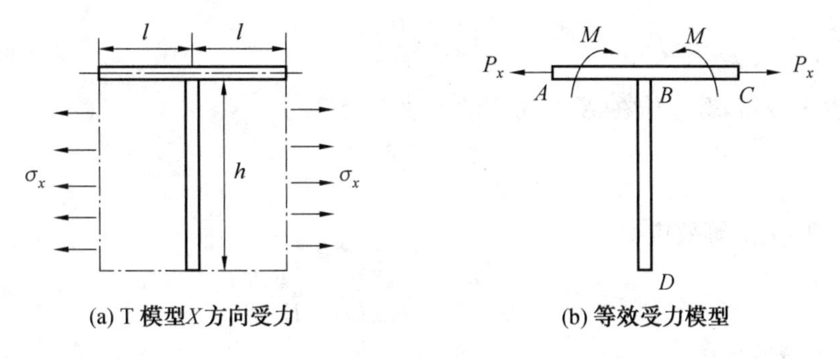

图5.14 T模型 X 方向单向受力分析

5.5.3 类方形蜂窝在 Y 方向的等效弹性常数

类方形蜂窝结构胞元的T模型在 Y 方向上的受力分析，如图5.15(a)所示。其所受应力为

$$\sigma_y=\frac{P_y}{bl} \tag{5.73}$$

图5.15(b)所示的等效受力分析中，依据力的平衡可得

$$M_y=\frac{P_y l}{2} \tag{5.74}$$

由力 P_y 和弯矩 M 共同作用引起 AB 端的挠度

$$\delta_{ABy}=\delta_{BCy}=\frac{P_y l^3}{3E_s I}-\frac{P_y l^2}{2E_s I}=\frac{P_y l^3}{12E_s I} \tag{5.75}$$

其中转动惯量 $I=\frac{bt^3}{12}$,将其代入式(5.75)可得

$$\delta_{ABy}=\delta_{BCy}=\frac{P_y l^3}{E_s bt^2} \tag{5.76}$$

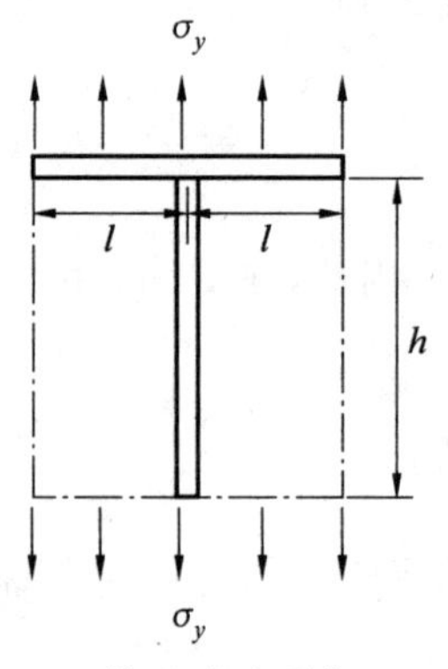

(a) T 模型Y方向受力

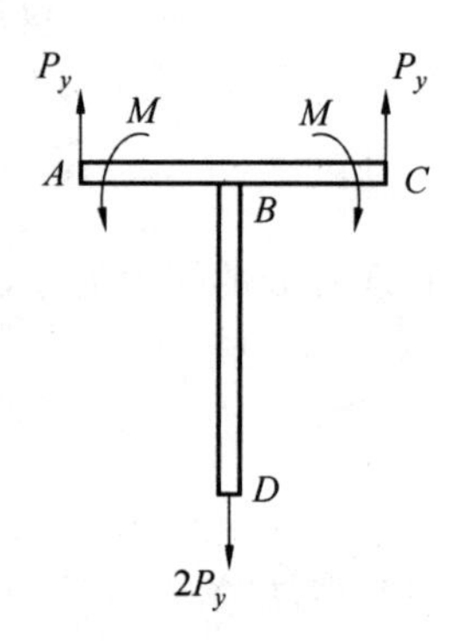

(b) 等效受力模型

图 5.15 T 模型 Y 方向单向受力分析

力 P_y 和弯矩 M 引起 AB 杆在轴向上的伸长量 $\delta_{AByx}=\delta_{BCyx}=0$。

可求得在相应力作用下,杆 BD 的伸长量为

$$\delta_{BD}=\frac{P_y h}{E_s bt} \tag{5.77}$$

综合以上分析,等效体在 X 方向上的等效应变

$$\varepsilon_{yx}=\frac{\delta_{AByx}+\delta_{BCyx}}{l}=0 \tag{5.78}$$

在 Y 方向上的等效应变

$$\varepsilon_y=\frac{\delta_{ABy}+\delta_{BD}}{h}=\frac{P_y l^3}{E_s bht^3}+\frac{P_y h}{E_s bht} \tag{5.79}$$

因此,等效泊松比

$$\nu_y=\frac{\varepsilon_x}{\varepsilon_y}=0 \tag{5.80}$$

弹性模量

$$E_{cy}=\frac{\sigma_y}{\varepsilon_y}=\frac{P_y/bl}{\frac{P_y l^3}{E_s bht^3}+\frac{P_y h}{E_s bht}}=\frac{E_s ht^3}{l^4+hlt^2} \tag{5.81}$$

5.5.4 类方形蜂窝等效剪切模量

计算模型的受力状态不仅要满足胞元平衡,而且要满足整个芯子平衡,即各节点平衡,T 模型受剪力的等效模型图,如图 5.16 所示。假设模型中的 A、B、C 三个节点没有相对位移,同时各节点转过的角度是相等的,剪切变形是由 BD 绕 B 点的转动和 BD 的弯曲

形成的。

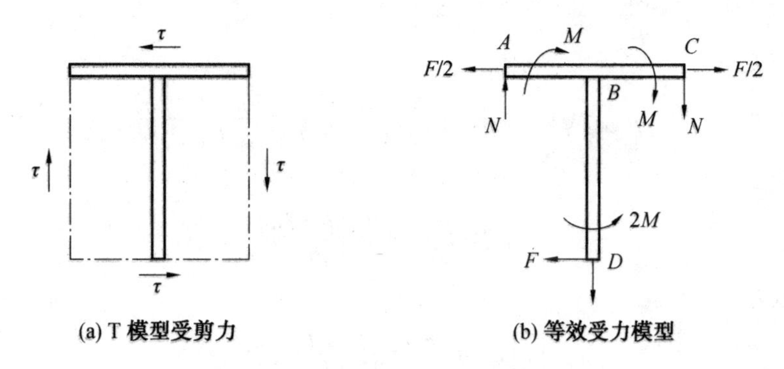

图 5.16　T 模型胞元受剪切时受力分析

图 5.16(a)所示为 T 模型受剪力时状态，图 5.16(b)所示为 T 模型的等效受力分析。将 T 模型结构对 B 点取矩，由 $M_B=0$ 得 $Fh=2Nl$，则 $N=\frac{Fh}{2l}$。依据剪切应力互等定理可知，T 模型 $\tau=\frac{F}{2bl}=\frac{N}{bh}$，同理可得 $N=\frac{Fh}{2l}$。当 AB 胞壁对 B 点取矩且 $\sum M_B=0$，可以得到

$$M=Nl=\frac{Fh}{2} \tag{5.82}$$

T 模型受剪力时，T 模型变形及端点 D 的位移，如图 5.17 所示。假设 AB 胞壁在 A 点与 B 点简支，在受剪力时存在弯矩 M，T 模型 AB 杆在 B 点产生逆时针转角

$$\varphi=\frac{M_A l}{3E_s I}-\frac{M_B l}{6E_s I}=\frac{Ml}{6E_s I}=\frac{Fhl}{12E_s I} \tag{5.83}$$

同理，可计算得到 T 模型 BC 杆由于变形在 B 点产生逆时针转角 $\varphi=\frac{Fhl}{12E_s I}$。

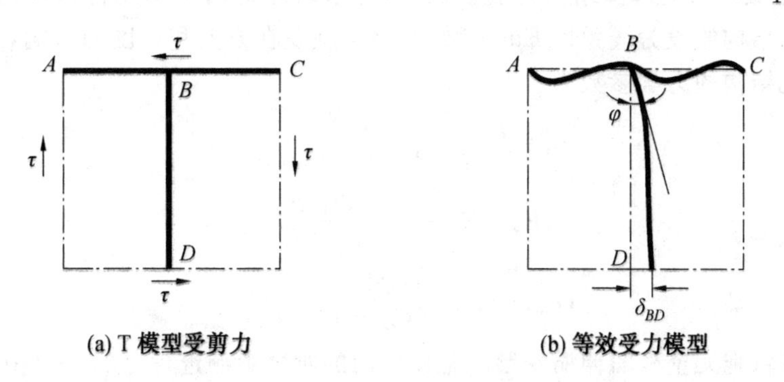

图 5.17　T 模型胞元变形及端点 D 的位移

假设 T 模型受剪力时，杆 BD 产生的剪切变形为 μ_{BD}，它由两部分构成，即杆 BD 绕 B 点的转动 φh 和杆 BD 本身的弯曲 δ_{BD} 共同作用产生。

$$\mu_{BD}=\varphi h+\delta_{BD}$$

$$\delta_{BD}=\frac{Fh^3}{3E_s I}-2M\frac{h^2}{2E_s I}=-\frac{Fh^3}{6E_s I} \tag{5.84}$$

式中，$I=\frac{bt^3}{12}$。

则剪切变形

$$\mu_{BD}=\varphi h+\delta_{BD}=\frac{Fh^2l}{12E_sI}-\frac{Fh^3}{6E_sI}=\frac{Fh^2(l-2h)}{E_sbt^3} \tag{5.85}$$

剪切应变

$$\gamma_{xy}=\frac{\mu_{BD}}{h}=\frac{Fh(l-2h)}{E_sbt^3} \tag{5.86}$$

剪切模量

$$G_{xy}=\frac{\tau}{\gamma_{xy}}=\frac{E_st^3}{2hl(l-2h)} \tag{5.87}$$

对于类方形蜂窝结构有 $h=2l$，利用 Euler 梁原理推导出的等效力学常数

$$\left.\begin{aligned}E_{cx}&=\frac{E_st}{2l}\\E_{cy}&=\frac{2E_st^3}{l^3+2lt^2}\\G_{xy}&=\frac{E_st^3}{6l^3}\end{aligned}\right\} \tag{5.88}$$

5.6 六角形蜂窝与类方形蜂窝的关系

正六角形蜂窝结构由于用料省、制造简单、结构效率高，被广泛地应用于航空、军事、建筑、包装及交通等领域。正六角形蜂窝结构的力学性能、声学特性、吸能特性及抗震能力也是学者们研究的主要对象。正六角形蜂窝结构与类方形蜂窝结构，如图 5.18 所示。

Gibson 是最早研究蜂窝结构的学者之一，他系统地提出了胞元材料理论，在分析时将蜂窝夹芯层结构假设为线弹性 Euler 梁，忽略了胞壁在方向和厚度的影响，采用力学理论推导出胞元结构的力学参数为

$$\left.\begin{aligned}E_x&=E_s\frac{t^3}{l^3}\frac{\cos\theta}{(\beta+\sin\theta)\sin^2\theta}\\E_y&=E_s\frac{t^3}{l^3}\frac{(\beta+\sin\theta)}{\cos^3\theta}\\G_{xy}&=E_s\frac{t^3}{l^3}\frac{(\beta+\sin\theta)}{\beta^2(2\beta+1)\cos\theta}\end{aligned}\right\} \tag{5.89}$$

富明慧等将胞元壁板的伸缩变形对胞元面内的刚度影响进行考虑，对 Gibson 公式进行了修正，修正后结构为

$$\left.\begin{aligned}E_{cx}&=E_s\frac{t^3}{l^3}\frac{\cos\theta}{(\beta+\sin\theta)\sin^2\theta}\times(1-\cot^2\theta\times t^2/l^2)\\E_{cy}&=E_s\frac{t^3}{l^3}\frac{(\beta+\sin\theta)}{\cos\theta}\times[1-(\beta\sec^2\theta+\tan^2\theta)]\times t^2/l^2\\E_{xy}&=E_s\frac{t^3}{l^3}\frac{(\beta+\sin\theta)}{\beta^2(\beta/4+1)\cos\theta}\end{aligned}\right\} \tag{5.90}$$

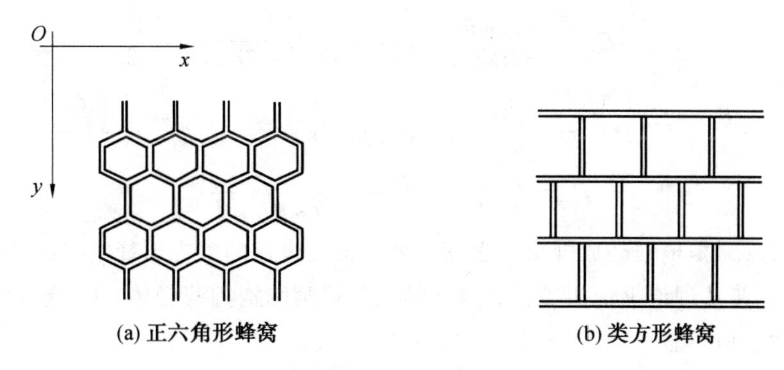

图 5.18 正六角形蜂窝结构和类方形蜂窝结构

在经典蜂窝理论公式(5.65)和公式(5.66)中，蜂窝特征角 θ、相邻边长比 β 是反映蜂窝结构形状特征的变量，其取值是根据蜂窝结构形状确定的，如正六边形蜂窝，$\theta=60°$，$\beta=1$。经过比较分析，当蜂窝夹芯特征角 $\theta=0°$、相邻边长比 $\beta=2$ 时，蜂窝夹芯可演变成类方形蜂窝夹芯。由此可认为类方形蜂窝夹芯结构是蜂窝夹芯结构的特征参数变化时的一种特殊结构，包含在蜂窝结构体系中，是蜂窝结构的一种演变体。

因此，经典蜂窝结构的理论研究成果可以直接应用到类方形蜂窝结构的研究中，然而研究发现，把类方形蜂窝夹芯结构特征参数 $\theta=0°$ 和 $\beta=2$ 直接代入到经典蜂窝理论公式(5.78)和(5.80)中，会出现等效弹性常数为零或者无穷大的奇异值，这显然是不合理的。

为了应用蜂窝夹芯结构的等效力学常数公式，直接求解类方形蜂窝夹芯的等效力学常数，将公式(5.65)中的 E_{cx} 和 E_{cy} 做进一步的等价变换，得到

$$\left.\begin{aligned} E_{cx}&=E_s\frac{t^3}{l^3}\frac{\cos\theta}{(\beta+\sin\theta)\sin^2\theta}\times\frac{1-\dfrac{\cos^4\theta}{\sin^4\theta}\times\left(\dfrac{t}{l}\right)^4}{1+\dfrac{\cos^2\theta}{\sin2\theta}\times\left(\dfrac{t}{l}\right)^2}\\ E_{cy}&=E_s\frac{t^3}{l^3}\frac{\cos\theta}{(\beta+\sin\theta)}\times\frac{\left[1-\left(\dfrac{\beta+\sin^2\theta}{\cos^2\theta}\right)\times t^4/l^4\right]}{1+(\beta\sec^2\theta+\tan^2\theta)t^2/l^2}\end{aligned}\right\}\tag{5.91}$$

由于实际结构中 $t\ll l$，所以 $1-\dfrac{\cos^4\theta}{\sin^4\theta}\times\left(\dfrac{t}{l}\right)^4\approx1$，$1-\left(\dfrac{\beta+\sin^2\theta}{\cos^2\theta}\right)\times t^4/l^4\approx1$。于是得到了经典蜂窝理论公式的另一种形式：

$$\left.\begin{aligned} E_{cx}&=E_s\frac{t^3}{l^3}\frac{\cos\theta}{(\beta+\sin\theta)}\times\frac{1}{(\sin^2\theta+\cos^2\theta t^2/l^2)}\\ E_{cy}&=E_s\frac{t^3}{l^3}\frac{(\beta+\sin\theta)}{\cos^3\theta}\times\frac{1}{1+(\beta\sec^2\theta+\tan^2\theta)t^2/l^2}\\ E_{xy}&=E_s\frac{t^3}{l^3}\frac{(\beta+\sin\theta)}{\beta^2(\beta/4+1)\cos\theta}\end{aligned}\right\}\tag{5.92}$$

对于类方形蜂窝夹芯，有 $\theta=0°$ 和 $\beta=2$，将其代入公式(5.65)中，得到

$$\left.\begin{aligned}E_{cx}&=E_s\frac{t^3}{l^3}\frac{\cos\theta}{(\beta+\sin\theta)}\times\frac{1}{(\sin^2\theta+\cos^2\theta t^2/l^2)}=\frac{E_s t}{2l}\\E_{cy}&=E_s\frac{t^3}{l^3}\frac{(\beta+\sin\theta)}{\cos^3\theta}\times\frac{1}{1+(\beta\sec^2\theta+\tan^2\theta)t^2/l^2}=\frac{2E_s t^3}{l^3+2lt^2}\\E_{xy}&=E_s\frac{t^3}{l^3}\frac{(\beta+\sin\theta)}{\beta^2(\beta/4+1)\cos\theta}=\frac{E_s t^3}{3l^3}\end{aligned}\right\}\tag{5.93}$$

公式(5.65)是根据经典蜂窝力学理论公式推理得到的类方形蜂窝夹芯结构的等效力学常数,进一步从理论上证明类方形蜂窝结构是蜂窝结构的演变体,其与正六边形蜂窝等结构的属性相似。

类方形蜂窝结构具有一个显著特征就是蜂窝特征角 $\theta=0°$,根据 Euler 梁方法推导出的结果可知,类方形蜂窝结构等效力学常数存在合理的准确值。Gibson 公式和富明慧公式在蜂窝特征角 $\theta=0°$处的值是奇异值。由于类方形蜂窝结构是一个连续的物理实体,其弹性模量 $E_{cx}(\theta)$和 $E_{cy}(\theta)$均是关于 θ 的连续函数,所以经典蜂窝公式在特征角等于零附近的值都是奇异和不准确的,这说明经典蜂窝理论公式有应用范围和局限性。

5.7 相同孔隙率下 4 种结构弹性模量分析

蜂窝夹芯结构通常由上、下两层面板及中间芯层三部分构成,芯层具有周期性结构,这种结构材料具有相对密度和整体刚度、强度的优异比值,目前已经将其应用于航空航天、船舶、建筑、汽车及包装等生产生活的多个领域。蜂窝夹芯结构不仅具有很高的强度和刚度,还有很好的吸能特性和抗冲击性能。如果将蜂窝夹芯结构的表面制作光滑平整,内部结构形式多变还具有良好的减振特性及隔热吸声等性能。将蜂窝夹芯结构用于临时性建筑及汽车的零部件中,可以增强居民及行人的安全,蜂窝夹芯结构可以在发生事故时吸收能量,抵抗冲击,保护人身及财产安全。这一过程涉及吸能材料和部件的设计问题。蜂窝结构作为多胞结构的一种,使用具有吸能性质的多胞结构材料可以在保证结构轻量化的同时,具有更好的能量吸收特性,能平稳地吸收在事故发生时由于碰撞所产生的动能。

蜂窝夹芯结构材料的芯层结构构型较多,目前研究最多的形式为泡沫、六角形、四边形、波纹形、内六角形及其混合形式等。蜂窝夹芯结构的力学性能受原材料、芯层结构拓扑多样性和胞元排列等多种因素影响。

Luo 等采用铝材料,研究了不同泊松比的蜂窝夹心结构的局部抗冲击性能,发现负泊松比蜂窝结构具有较强的抗冲击承载能力,而零泊松比蜂窝具有较强的阻尼和能量吸收能力。Xiao bo Gong 等采用了有限仿真的方法,研究了凸、凹入和半凹入,3 种单元形式的蜂窝拓扑结构,这 3 种结构具有典型的正、负和零泊松比。探讨了蜂窝结构的泊松比对其抗冲击性能的影响,研究表明正泊松比蜂窝结构具有较好的局部冲击防护能力。Liu 等人提出了由 4 个单侧凹形六边形结构和方形连接壁组成的零泊松比蜂窝结构,它具有轴对称性和中心对称性。应用熔融沉积快速成型 3D 打印技术制造了聚氨酯复合材料的模型结构，并对其进行了力学性能分析。研究结果表明，通过改变几何参数，可以调整蜂窝结构的力学性。C. Lira 等人应用 ABS 材料研究了六角形和厚度梯度六角形蜂窝结构、拉胀和厚度梯度拉胀蜂窝结构的横向剪切刚度。研究结果表明，变化的厚度梯度几何结构可以实现结构的最佳刚度重量比，还可以提高结构的热导率和介电性能。

通过改变芯层结构形式及芯层结构的几何参数，可以实现结构材料泊松比的调节。泊松比是表征材料弹性变形的最重要物量之一。不同的泊松比会使结构材料的剪切模量、抗压性能、断裂韧性、能量吸收能力等多个方面发生变化。研究发现，结构材料的泊松比是由内部材料结构的几何形状和变形机制决定的。蜂窝夹芯结构中芯层部分的构型影响着蜂窝夹芯结构材料的泊松比。蜂窝夹芯结构材料的泊松比可以取正值、零值和负值。不同泊松比材料会在抗压性能、吸能特性、弹性模量和断裂韧性等方面表现出不同的情形。研究人员利用其设计了许多具有特定功能的工程结构，如可以变形的机翼和其他飞行器结构等，此外，该材料在生物医学和其他国防科学技术领域也具有广阔的应用前景。

以往的研究大多是针对单一型蜂窝结构进行分析，对具有正、负、零泊松比的梯度形蜂窝结构力学性能进行分析研究的较少。因此，本书对具有相同孔隙率、不同泊松比的蜂窝结构，使用光敏树脂材料运用 3D 打印技术，制备出六角形、四边形、类四边形和内凹六边形蜂窝结构，对其进行准静态压缩实验。对结构的压缩模量、压缩强度和比吸能特性进行了评估。并以在此基础上对 4 种蜂窝结构进行厚度梯度变化，讨论蜂窝结构的变形和破坏行为。通过引入厚度梯度的概念，建立具有不同泊松比的厚度梯度蜂窝结构模型，采用实验的方法对蜂窝夹芯结构的力学性能进行对比分析，探讨厚度梯度对不同泊松比蜂窝结构能量吸收性能的影响，并对蜂窝结构厚度梯度进行优化设计。

5.8 材料与实验

5.8.1 胞元设计

本书工作中提出的设计使用商业 CAD 软件进行建模。模型选取六边形、内凹六边形和四边形这 3 类分别具有正、零和负泊松比的蜂窝结构进行分析。每个胞元构型在平面 XY 截面的轮廓面积相等，如图 5.19 所示。为了比较分析，还设计了两种表现出零泊松比的四边形点阵结构，如图 5.19 第二行所示。孔隙率相同的 3 种基本模型几何参数如表 5.1 所示。

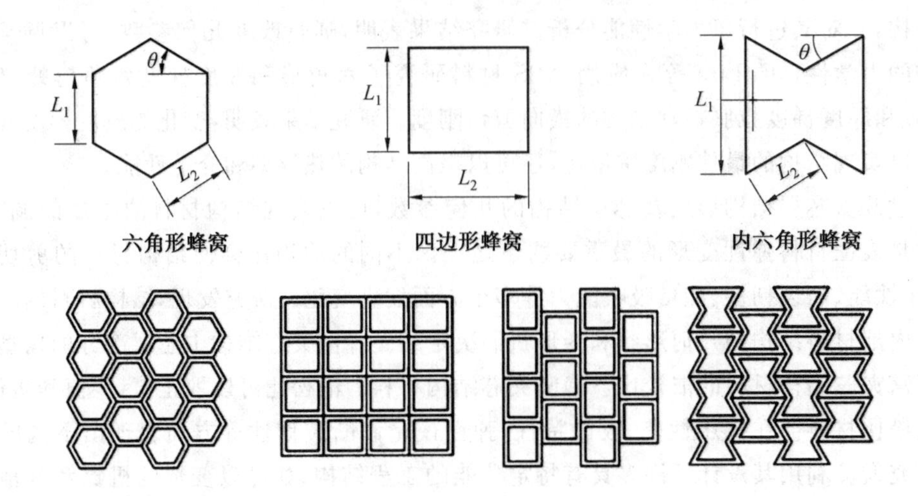

图 5.19　蜂窝胞元结构

表 5.1　孔隙率相同的 3 种基本模型几何参数

几何构型	边长 L_1/mm	边长 L_2/mm	夹角 θ/(°)
六边形	4	4	30
四边形	6	6.93	90
内凹形	8	4	30

5.8.2　制备

设计的样品材料是光敏树脂，通过立体光刻 3D 打印机（iSLA660，中国沈阳）制造，该打印机具有 100％的填充物，具有实心支柱。样品垂直于构建板打印避免打印方向对结果的影响。打印试件模型在 AutoCAD2014 中创建，以.stl 格式输出到切片软件中设置打印参数。

压缩测试样品在 $x\times y$ 方向上有 4×3 个单一胞元。样品打印高度 z 方向上为 60 mm。考虑到 3D 打印的各向异性，所有试样都沿着相同的方向打印，以避免层方向对材料力学性能的影响。将制作好的试样在室温下保持 7 天，以考虑固化的饱和。为保证实验结果的可靠性，每组试件制备了 5 个，如图 5.20 所示试件一共制备了 20 个。

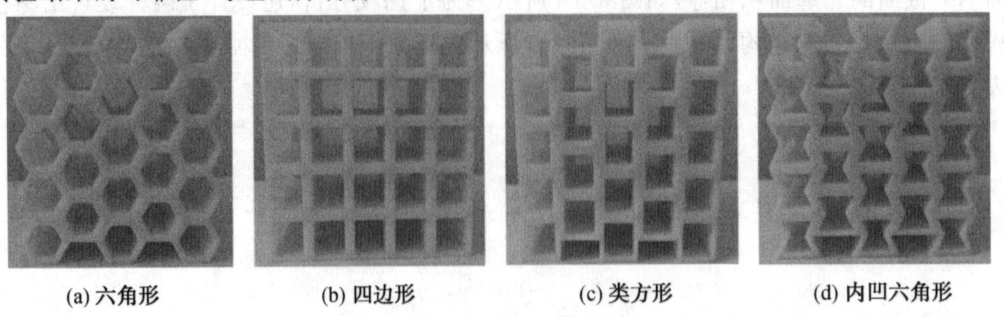

图 5.20　3D 打印蜂窝结构试件

5.9　模型分析

5.9.1　六角形胞元受力分析

Gibson 等人首次分析了六边形蜂窝结构的静态力学性能，并探索了其在加载条件下力学性能参数的理论表达式。

六角形蜂窝胞元的等效密度在工程应用中是一个重要参量。六角形蜂窝夹芯结构在加工中如图 5.21 所示。取矩形 *ABCD* 包围的 Y 形蜂窝胞元作为基本单元体来求解六角形蜂窝夹芯结构的等效密度。

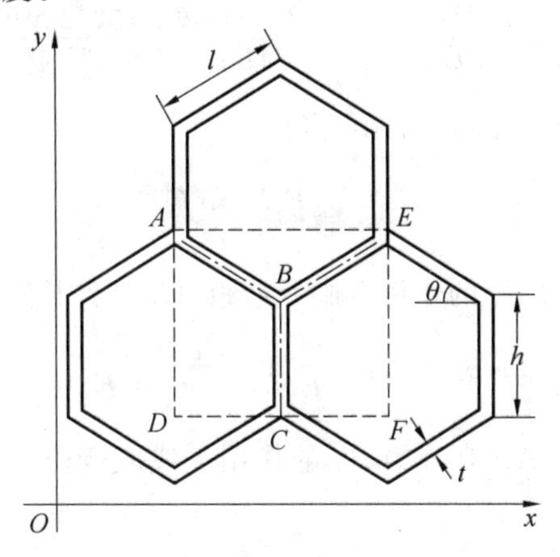

图 5.21　Y 模型

1. 六角形蜂窝胞元在 *X* 方向的等效弹性常数

首先考虑六角形蜂窝胞元在 *X* 方向处于单向拉伸状态下，假设等效后的均质材料模型如图 5.22 所示。5.22(a)是截取六角形蜂窝胞元的 *ABC* 段进行分析，5.22(b)为胞元壁 *AB* 段水平变形。

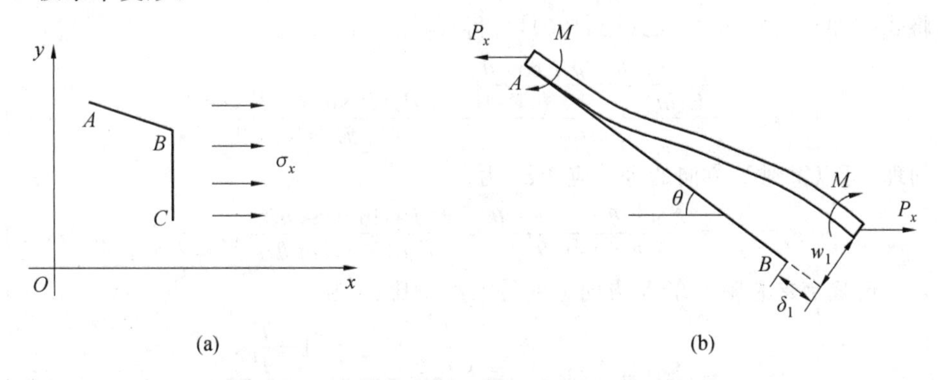

图 5.22　六角形蜂窝夹芯胞元在 *X* 方向拉伸变形

根据力的平衡条件得

$$M=\frac{1}{2}P_x l\sin\theta \tag{5.94}$$

力 P 为

$$P_x=\sigma_x(h+l\sin\theta)b \tag{5.95}$$

式中，M 为六角形蜂窝夹芯胞元节点弯矩，N·m；P_x 为六角形蜂窝夹芯胞元节点外力，N；l 为六角形蜂窝夹芯胞元长度，m；h 为六角形蜂窝夹芯胞元宽度，m；b 为六角形蜂窝夹芯胞元高度，m。

为分析胞元结构在水平方向应力 σ_x 作用下受力分析，将胞元壁 AB 看作 A 端固定的悬臂梁，它受到集中力 P_x 与力矩 M 的共同作用。力矩 M 使 AB 顺时针旋转，力 P_x 使 AB 逆时针旋转，以逆时针旋转为正。计算胞元壁 AB 的挠度为

$$w_1=-\frac{Ml^2}{2EI}+\frac{P_x l^3\sin\theta}{3E_s I}=-\frac{P_x l^3\sin\theta}{4EI}+\frac{P_x l^3\sin\theta}{3E_s I}=\frac{P_x l^3\sin\theta}{12E_s I} \tag{5.96}$$

其中，$I=\frac{1}{12}bt^3$ 惯性矩，代入式(5.96)中可得

$$w_1=\frac{P_x l^3\sin\theta}{E_s bt^3} \tag{5.97}$$

依据胡克定律，在外力 P_x 的作用下胞元壁板 AB 拉伸长度为

$$\delta_1=\varepsilon_{AB}^x l=\frac{\sigma_{AB}^x}{E_s}l=\frac{P_x\cos\theta}{bt}\frac{l}{E_s} \tag{5.98}$$

式中，$\varepsilon_{AB}=\frac{\sigma_{AB}}{E_s}$ 为胞元壁板 AB 在外力 P_x 的作用下线应变；$\sigma_{AB}=\frac{P_x\cos\theta}{bt}$ 为胞元壁板 AB 在其横截面上的正应力。

胞元在 X 方向上的正应力为

$$\sigma_x=\frac{P_x}{hb+bl\sin\theta} \tag{5.99}$$

依据图 5.22(b)所示，可得在 X 方向上的等效应变为

$$\varepsilon_x=\frac{\Delta l_x}{l_x}=\frac{w_1\sin\theta+\delta_1\cos\theta}{l\cos\theta} \tag{5.100}$$

将式(5.97)、(5.98)代入式(5.100)，可得

$$\varepsilon_x=\frac{\frac{P_x l^3\sin^2\theta}{E_s bt^3}+\frac{p_x l\cos^2\theta}{bt}\frac{l}{E_s}}{l\cos\theta}=\frac{P_x(l^2\sin^2\theta+t^2\cos^2\theta)}{E_s bt^3\cos\theta} \tag{5.101}$$

同理，可以得到 Y 方向的等效应变 ε_y 为

$$\varepsilon_y=\frac{\Delta l_y}{l_y}=\frac{\delta_1\sin\theta-w_1\cos\theta}{h+l\sin\theta}=-\frac{P_x\sin\theta\cos\theta l^3}{E_s b(h+l\sin\theta)t^3}\left(1-\frac{t^2}{l^2}\right) \tag{5.102}$$

六角形蜂窝夹芯胞元在 X 方向上的等效泊松比 ν_x 为

$$\nu_x=\left|\frac{\varepsilon_y}{\varepsilon_x}\right|=-\frac{\varepsilon_y}{\varepsilon_x}=\frac{\cos^2\theta}{(\beta+\sin\theta)\sin\theta}\frac{1-\frac{t^2}{l^2}}{1+\cot^2\theta\times\frac{t^2}{l^2}} \tag{5.103}$$

式中，$\beta=\frac{h}{l}$。

依据弹性模量的定义，可得到六角形蜂窝夹芯胞元在 X 方向上的等效弹性模量 E_x 为

$$E_x=\frac{\sigma_x}{\varepsilon_x}=E_s\frac{t^3}{l^3}\frac{\cos\theta}{(\beta+\sin\theta)\sin^2\theta}\times\frac{1}{1+\cot^2\theta\times\frac{t^2}{l^2}} \tag{5.104}$$

2. 六角形蜂窝胞元在 Y 方向的等效弹性常数

六角形蜂窝胞元在 Y 方向处于单向压缩状态下，假设等效后的均质材料模型如图5.23(a)所示。5.23(b)为截取六角形蜂窝胞元的 ABC 段进行分析，5.23(c)为胞元壁 AB 段水平变形。

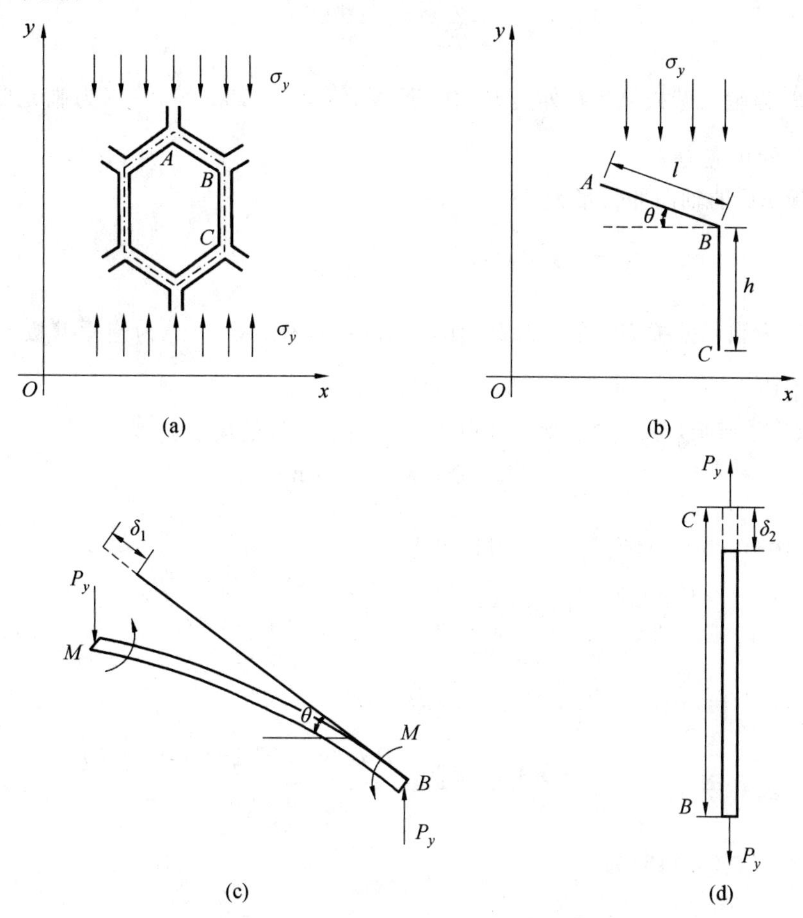

图5.23　六角形蜂窝夹芯胞元在 Y 方向拉伸变形

根据力的平衡条件得

$$M=\frac{1}{2}P_y l\sin\theta \tag{5.105}$$

力 P 为

$$P_y=\sigma_{cy}A_y=\sigma_{cy}l\cos\theta b \tag{5.106}$$

式中，M 为六角形蜂窝夹芯胞元节点弯矩，N·m；P_y 为六角形蜂窝夹芯胞元节点外

力,N;A_y 为六角形蜂窝夹芯胞元在 y 方向受力截面积,m^2。

依据材料力学梁弯曲理论,可得到壁板 AB 的挠度为

$$w_1=\frac{P_y l^3\cos\theta}{12E_s I} \tag{5.107}$$

其中,$I=\frac{1}{12}bt^3$ 惯性矩,代入式(5.107)中可得

$$w_1=\frac{P_y l^3\cos\theta}{E_s bt^3} \tag{5.108}$$

依据胡克定律,在外力 P_y 的作用下胞元壁板 AB 轴向伸长量为

$$\delta_1=\varepsilon_{AB}^y l=\frac{\sigma_{AB}^y}{E_s}l=\frac{P_y\sin\theta}{bt}\frac{l}{E_s} \tag{5.109}$$

式中,$\varepsilon_{AB}^y=\frac{\sigma_{AB}^y}{E_s}$ 为胞元壁板 AB 在外力 P_y 作用下的线应变;$\sigma_{AB}^y=\frac{P_y\sin\theta}{bt}$ 为胞元壁板 AB 在其横截面上的正应力。

胞元壁板 BC 的轴向伸长量为

$$\delta_2=\varepsilon_{BC}^y h=\frac{\sigma_{BC}^y}{E_s}h=\frac{P_y}{bt}\frac{h}{E_s} \tag{5.110}$$

式中,$\varepsilon_{BC}^y=\frac{\sigma_{BC}^y}{E_s}$ 为胞元壁板 BC 在外力 P_y 作用下的线应变;$\sigma_{BC}^y=\frac{P_y}{bt}$ 为胞元壁板 BC 在其横截面上的正应力。

依据图 5.23 所示,由胡克定律可得到在 x 方向上的等效应变 ε_{cx} 为

$$\varepsilon_{cx}=\frac{\Delta l_x}{l_x}=\frac{\delta_1\cos\theta-w_1\sin\theta}{l\cos\theta} \tag{5.111}$$

将式(5.108)、(5.109)代入式(5.111)可得

$$\varepsilon_{cx}=\frac{\frac{P_y\sin\theta}{bt}\frac{l}{E_s}\cos\theta-\frac{P_y l^3\cos\theta}{E_s bt^3}\sin\theta}{l\cos\theta}=\frac{P_y l^2\sin\theta}{E_s bt^3}\left(1-\frac{t^2}{l^2}\right) \tag{5.112}$$

同理,可得到在 y 方向上的等效应变 ε_{cy} 为

$$\varepsilon_{cy}=\frac{\Delta l}{l}=\frac{w_1\cos\theta+\delta_1\sin\theta+\delta_2}{h+l\sin\theta}=\frac{P_y l^3\left(\cos^2\theta+\frac{t^2}{l^2}\sin^2\theta+\frac{t^2}{l^3}h\right)}{E_s bt^3(h+l\sin\theta)} \tag{5.113}$$

令 $\beta=\frac{h}{l}$,则式(5.113)为

$$\varepsilon_{cy}=\frac{P_y l^2\cos^2\theta\left[1+\frac{t^2}{l^2}(\tan^2\theta+\beta\sec^2\theta)\right]}{E_s bt^3(\beta+\sin\theta)} \tag{5.114}$$

依据泊松比的定义,可知六角形蜂窝夹芯胞元在 Y 方向上的等效泊松比 ν_{cy} 为

$$\nu_{cy}=\left|\frac{\varepsilon_{cx}}{\varepsilon_{cy}}\right|=-\frac{\varepsilon_{cx}}{\varepsilon_{cy}}=\frac{(\beta+\sin\theta)\sin\theta}{\cos^2\theta}\times\frac{1-\frac{t^2}{l^2}}{1+(\tan^2\theta+\beta\sec^2\theta)\frac{t^2}{l^2}} \tag{5.115}$$

依据弹性模量的定义,可知六角形蜂窝夹芯胞元在 Y 方向上的等效弹性模量 E_{cy} 为

$$E_{cy}=-\frac{\sigma_{cy}}{\varepsilon_{cy}}=E_s\frac{t^3}{l^3}\frac{(\beta+\sin\theta)}{\cos^3\theta}\times\frac{1}{1+(\tan^2\theta+\beta\sec^2\theta)\frac{t^2}{l^2}} \tag{5.116}$$

5.9.2　四边形胞元受力分析

蜂窝夹芯结构是近年来研究较为普遍、应用较为常见，在航空航天、铁路交通、船舶、建筑等诸多领域都有着极其重要的应用前景和使用价值的结构形式。夹芯结构常见的芯层结构是六角形胞元结构，对其进行细致研究后发现，当六角形结构中斜边与水平方向的夹角 $\theta=0°$时，六角形蜂窝结构可以演变成新形的结构，即四边形结构和类方形结构，如图 5.24 所示。

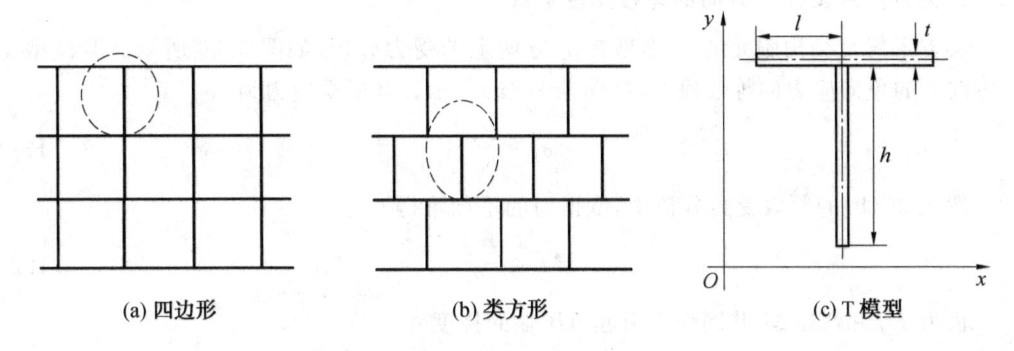

(a) 四边形　(b) 类方形　(c) T 模型

图 5.24　类方形蜂窝结构及胞元

1. 类方形蜂窝 *X* 方向等效弹性模量

代表类方形蜂窝结构胞元的 T 模型在 X 方向上的受力分析，取如图 5.24 所示类方形蜂窝结构中虚线所围成的 T 形类方形蜂窝胞元进行研究。其等效体为图 5.24(c)所示的 T 形，取厚度 $t=b$ 的类方形蜂窝胞元进行研究。当 T 形胞元在 X 方向上的受力如图 5.25 所示。图 5.25(a)为在拉力状态下的等效模型，图 5.25(b)为拉力状态下模型的受力分析。依据图 5.25 受力分析，可以得到

$$\sigma_x=\frac{P_x}{bh} \tag{5.117}$$

图 5.25(b)中 A 点处的转角为零，力矩 $M_x=0$。因此，在 P_x 作用下 AB、BC 杆轴向伸长量为

$$\delta_{ABx}=\delta_{BCx}=\frac{P_x l}{E_s bt} \tag{5.118}$$

等效体受力分析时在 X、Y 方向的等效应变 $\varepsilon_x=\frac{\delta_{AB}}{l}$，$\varepsilon_y=0$，在 X 方向的泊松比

$$\nu_x=\frac{\varepsilon_y}{\varepsilon_x}=0 \tag{5.119}$$

弹性模量

$$E_{cx}=\frac{\sigma_x}{\varepsilon_x}=\frac{P_x/bh}{P_x l/E_x blt}=\frac{E_x t}{h} \tag{5.120}$$

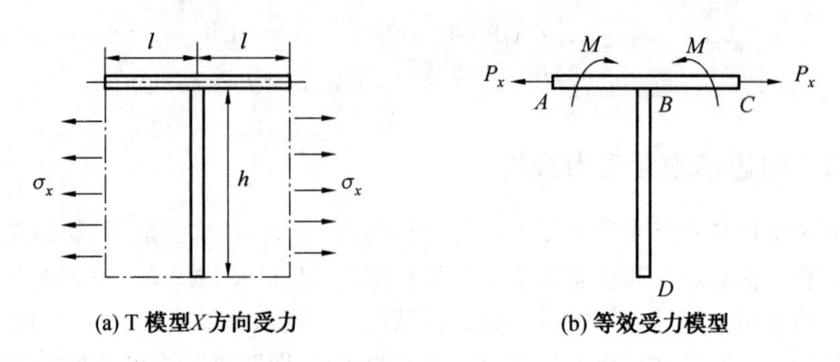

(a) T 模型X方向受力　　(b) 等效受力模型

图 5.25　T 模型 X 方向单向受力分析

2. 类方形蜂窝在 Y 方向的等效弹性常数

类方形蜂窝结构胞元的 T 模型在 Y 方向上的受力分析，如图 5.26 所示。T 模型受 Y 方向上的单向应力的等效模型，如图 5.26(a)所示。其所受应力为

$$\sigma_y = \frac{P_y}{bl} \tag{5.121}$$

图 5.26(b)的等效受力分析中，依据力的平衡可得

$$M_y = \frac{P_y l}{2} \tag{5.122}$$

由力 P_y 和弯矩 M 共同作用引起 AB 端的挠度

$$\delta_{ABy} = \delta_{BCy} = \frac{P_y l^3}{3E_s I} - \frac{P_y l^2}{2E_s I} = \frac{P_y l^3}{12E_s I} \tag{5.123}$$

式中，转动惯量 $I = \frac{bt^3}{12}$，将其代入式(5.123)可得

$$\delta_{ABy} = \delta_{BCy} = \frac{P_y l^3}{E_s bt^2} \tag{5.124}$$

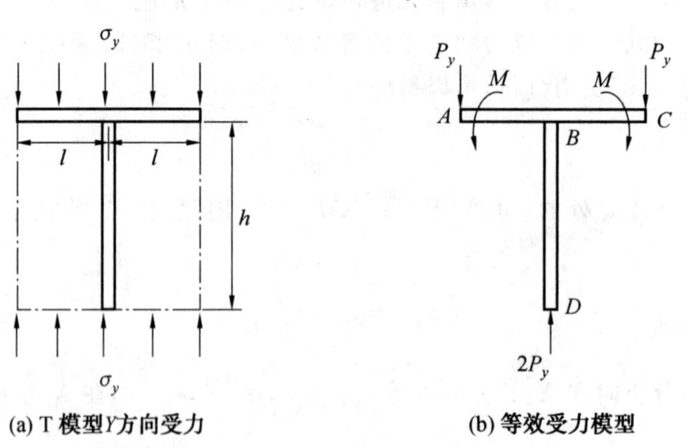

(a) T 模型Y方向受力　　(b) 等效受力模型

图 5.26　T 模型 Y 方向单向受力分析

力 P_y 和弯矩 M 引起 AB 杆在轴向上的伸长量 $\delta_{AByx} = \delta_{BCyx} = 0$。

可求得在相应力作用下，杆 BD 的伸长量为

$$\delta_{BD}=\frac{P_y h}{E_s bt} \tag{5.125}$$

综合以上分析等效体在 X 方向上的等效应变

$$\varepsilon_{yx}=\frac{\delta_{AByx}+\delta_{BCyx}}{l}=0 \tag{5.126}$$

在 Y 方向上的等效应变

$$\varepsilon_y=\frac{\delta_{ABy}+\delta_{BD}}{h}=\frac{P_y l^3}{E_s bht^3}+\frac{P_y h}{E_s bht} \tag{5.127}$$

因此，等效泊松比

$$\nu_y=\frac{\varepsilon_x}{\varepsilon_y}=0 \tag{5.128}$$

弹性模量

$$E_{cy}=\frac{\sigma_y}{\varepsilon_y}=\frac{P_y/bl}{\dfrac{P_y l^3}{E_s bht^3}+\dfrac{P_y h}{E_s bht}}=\frac{E_s ht^3}{l^4+hlt^2} \tag{5.129}$$

5.9.3　内凹六角形胞元受力分析

内凹形蜂窝胞元的等效密度在工程应用中是一个重要参量。内凹形蜂窝夹芯结构在加工中，如图 5.27 所示。取 $ABCDEF$ 包围胞元作为基本单元体来求解内凹形蜂窝夹芯结构的等效密度。

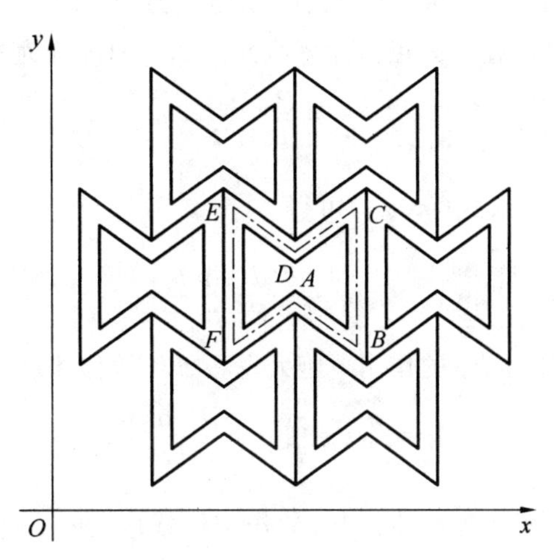

图 5.27　内凹形蜂窝胞元结构

1. 内凹六角形胞元在 X 方向的等效弹性常数

首先考虑六角形蜂窝胞元在 X 方向是处于单向拉伸状态，并假设等效后的均质材料模型如图 5.28 所示。5.28(a)是截取六角形蜂窝胞元的 ABC 段进行分析，5.28(b)为胞元壁 AB 段水平变形。

根据力的平衡条件得

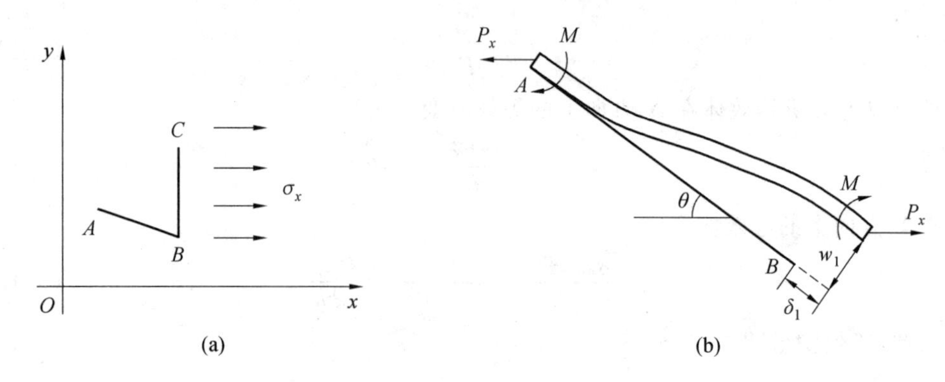

图 5.28　内凹形蜂窝胞元在 X 方向拉伸变形

$$M=\frac{1}{2}P_x l\sin\theta \tag{5.130}$$

力 P 为

$$P_x=\sigma_x(h+l\sin\theta)b \tag{5.131}$$

式中，M 为六角形蜂窝夹芯胞元节点弯矩，N·m；P_x 为六角形蜂窝夹芯胞元节点外力，N；l 为六角形蜂窝夹芯胞元长度，m；h 为六角形蜂窝夹芯胞元宽度，m；b 为六角形蜂窝夹芯胞元高度，m。

为分析胞元结构在水平方向应力 σ_x 作用下的受力，将胞元壁 AB 看作是 A 端固定的悬臂梁，它受到集中力 P_x 与力矩 M 的共同作用。力矩 M 使 AB 顺时针旋转，力 P_x 使 AB 逆时针旋转，以逆时针旋转为正。计算胞元壁 AB 的挠度为

$$w_1=-\frac{Ml^2}{2EI}+\frac{P_x l^3\sin\theta}{3E_s I}=-\frac{P_x l^3\sin\theta}{4EI}+\frac{P_x l^3\sin\theta}{3E_s I}=\frac{P_x l^3\sin\theta}{12E_s I} \tag{5.132}$$

其中，$I=\frac{1}{12}bt^3$ 惯性矩，代入式(5.132)可得

$$w_1=\frac{P_x l^3\sin\theta}{E_s bt^3} \tag{5.133}$$

依据胡克定律，在外力 P_x 的作用下胞元壁板 AB 拉伸长度为

$$\delta_1=\varepsilon_{AB}^x l=\frac{\sigma_{AB}^x}{E_s}l=\frac{P_x\cos\theta}{bt}\frac{l}{E_s} \tag{5.134}$$

式中，$\varepsilon_{AB}=\frac{\sigma_{AB}}{E_s}$为胞元壁板 AB 在外力 P_x 的作用下线应变；$\sigma_{AB}=\frac{P_x\cos\theta}{bt}$为胞元壁板 AB 在其横截面上的正应力。

胞元在 X 方向上的正应力为

$$\sigma_x=\frac{P_x}{hb+bl\sin\theta} \tag{5.135}$$

依据图 5.27(b)所示，可得在 X 方向上的等效应变为

$$\varepsilon_x=\frac{\Delta l_x}{l_x}=\frac{w_1\sin\theta+\delta_1\cos\theta}{l\cos\theta} \tag{5.136}$$

将式(5.133)、(5.134)代入式(5.136)，可得

$$\varepsilon_x=\frac{\dfrac{P_x l^3\sin^2\theta}{E_s bt^3}+\dfrac{p_x l\cos^2\theta}{bt}\dfrac{l}{E_s}}{l\cos\theta}=\frac{P_x(l^2\sin^2\theta+t^2\cos^2\theta)}{E_s bt^3\cos\theta} \tag{5.137}$$

同理，可以得到 y 方向的等效应变 ε_y 为

$$\varepsilon_y=\frac{\Delta l_y}{l_y}=\frac{\delta_1\sin\theta-w_1\cos\theta}{h+l\sin\theta}=-\frac{P_x\sin\theta\cos\theta l^3}{E_s b(h+l\sin\theta)t^3}\left(1-\frac{t^2}{l^2}\right) \tag{5.138}$$

六角形蜂窝夹芯胞元在 X 方向上的等效泊松比 ν_x 为

$$\nu_x=\left|\frac{\varepsilon_y}{\varepsilon_x}\right|=-\frac{\varepsilon_y}{\varepsilon_x}=\frac{\cos^2\theta}{(\beta+\sin\theta)\sin\theta}\frac{1-\dfrac{t^2}{l^2}}{1+\cot^2\theta\cdot\dfrac{t^2}{l^2}} \tag{5.139}$$

式中，$\beta=\dfrac{h}{l}$。

依据弹性模量的定义，可得到六角形蜂窝夹芯胞元在 X 方向上的等效弹性模量 E_x 为

$$E_x=\frac{\sigma_x}{\varepsilon_x}=E_s\frac{t^3}{l^3}\frac{\cos\theta}{(\beta+\sin\theta)\sin^2\theta}\frac{1}{1+\cot^2\theta\cdot\dfrac{t^2}{l^2}} \tag{5.140}$$

2. 内凹六角形胞元在 Y 方向的等效弹性常数

内凹六角形胞元在 Y 方向处于单向拉伸状态下，假设等效后的均质材料模型如图 5.29(a)所示。5.29(b)是截取内凹六角形胞元的 ABC 段进行分析，5.29(c)为胞元壁 AB 段水平变形。

根据力的平衡条件得

$$M=\frac{1}{2}P_y l\sin\theta \tag{5.141}$$

力 P 为

$$P_y=\sigma_{cy}A_y=\sigma_{cy}l\cos\theta b \tag{5.142}$$

式中，M 为内凹六角形胞元节点弯矩，N · m；P_y 为内凹六角形胞元节点外力，N；A_y 为内凹六角形胞元在 y 方向受力截面积，m^2。

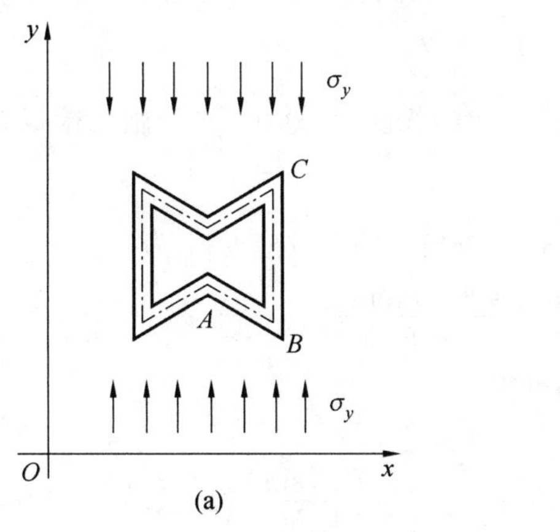

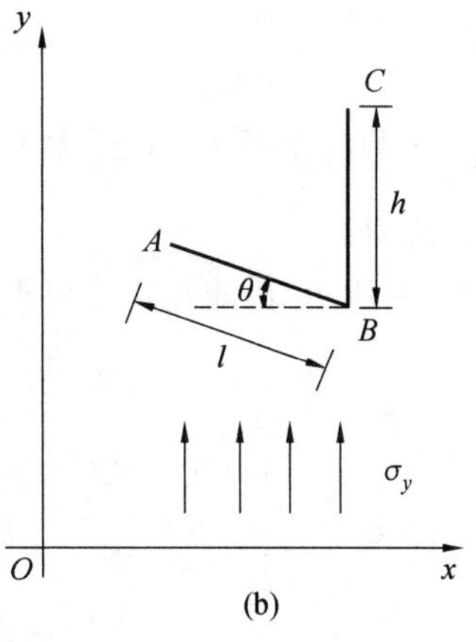

图 5.29　内凹六角形胞元在 Y 方向拉伸变形

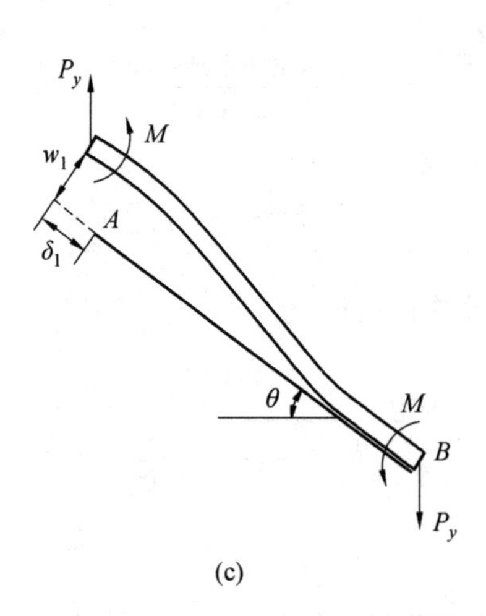

(c)

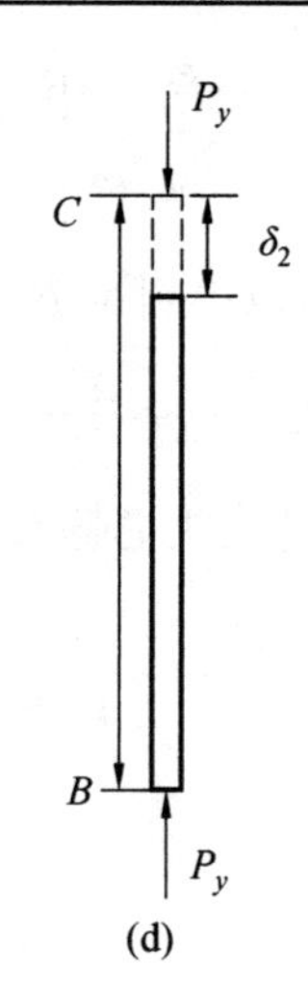

(d)

续图 5.29

依据材料力学梁弯曲理论，可得到壁板 AB 的挠度为

$$w_1=\frac{P_y l^3\cos\theta}{12E_s I} \tag{5.143}$$

其中，$I=\frac{1}{12}bt^3$ 惯性矩，代入式(5.143)可得

$$w_1=\frac{P_y l^3\cos\theta}{E_s bt^3} \tag{5.144}$$

依据胡克定律，在外力 P_y 作用下胞元壁板 AB 轴向伸长量为

$$\delta_1=\varepsilon_{AB}^y l=\frac{\sigma_{AB}^y}{E_s}l=\frac{P_y\sin\theta}{bt}\frac{l}{E_s} \tag{5.145}$$

式中，$\varepsilon_{AB}^y=\frac{\sigma_{AB}^y}{E_s}$ 为胞元壁板 AB 在外力 P_y 作用下的线应变；$\sigma_{AB}^y=\frac{P_y\sin\theta}{bt}$ 为胞元壁板 AB 在其横截面上的正应力。

胞元壁板 BC 的轴向伸长量为

$$\delta_2=\varepsilon_{BC}^y h=\frac{\sigma_{BC}^y}{E_s}h=\frac{P_y}{bt}\frac{h}{E_s} \tag{5.146}$$

式中，$\varepsilon_{BC}^y=\frac{\sigma_{BC}^y}{E_s}$ 为胞元壁板 BC 在外力 P_y 作用下的线应变；$\sigma_{BC}^y=\frac{P_y}{bt}$ 为胞元壁板 BC 在其横截面上的正应力。

依据图 5.28 所示，由胡克定律可得到在 x 方向上的等效应变 ε_{cx} 为

$$\varepsilon_{cx}=\frac{\Delta l_x}{l_x}=\frac{\delta_1\cos\theta-w_1\sin\theta}{l\cos\theta} \tag{5.147}$$

将式(5.144)、(5.145)代入式(5.147)可得

$$\varepsilon_{cx}=\frac{\frac{P_y\sin\theta}{bt}\frac{l}{E_s}\cos\theta-\frac{P_y l^3\cos\theta}{E_s bt^3}\sin\theta}{l\cos\theta}=\frac{P_y l^2\sin\theta}{E_s bt^3}\left(1-\frac{t^2}{l^2}\right) \tag{5.148}$$

同理，可得到在 y 方向上的等效应变 ε_{cy} 为

$$\varepsilon_{cy}=\frac{\Delta l}{l}=\frac{w_1\cos\theta+\delta_1\sin\theta+\delta_2}{h+l\sin\theta}=\frac{P_y l^3\left(\cos^2\theta+\frac{t^2}{l^2}\sin^2\theta+\frac{t^2}{l^3}h\right)}{E_s b t^3(h+l\sin\theta)} \tag{5.149}$$

令 $\beta=\frac{h}{l}$，则式(5.149)为

$$\varepsilon_{cy}=\frac{P_y l^2\cos^2\theta\left[1+\frac{t^2}{l^2}(\tan^2\theta+\beta\sec^2\theta)\right]}{E_s b t^3(\beta+\sin\theta)} \tag{5.150}$$

依据泊松比的定义，可知内凹六角形蜂窝夹芯胞元在 Y 方向上的等效泊松比 ν_{cy} 为

$$\nu_{cy}=\left|\frac{\varepsilon_{cx}}{\varepsilon_{cy}}\right|=-\frac{\varepsilon_{cx}}{\varepsilon_{cy}}=\frac{(\beta+\sin\theta)\sin\theta}{\cos^2\theta}\times\frac{1-\frac{t^2}{l^2}}{1+(\tan^2\theta+\beta\sec^2\theta)\frac{t^2}{l^2}} \tag{5.151}$$

依据弹性模量的定义，可知内凹六角形胞元在 Y 方向上的等效弹性模量 E_{cy} 为

$$E_{cy}=-\frac{\sigma_{cy}}{\varepsilon_{cy}}=E_s\frac{t^3}{l^3}\frac{(\beta+\sin\theta)}{\cos^3\theta}\times\frac{1}{1+(\tan^2\theta+\beta\sec^2\theta)\frac{t^2}{l^2}} \tag{5.152}$$

将泊松比数值为正、负和零的六边形、内凹六边形和四边形蜂窝结构的等效弹性模量进行分析，可得出四边形和内凹六边形蜂窝结构都可以看作是六边形蜂窝结构的演变体，即这3种夹芯结构胞元都可由胞元边与边之间夹角的改变而发生变化。3种结构的胞元角度 θ 发生变化时对结构等效弹性模量 E 的影响如图5.30所示。

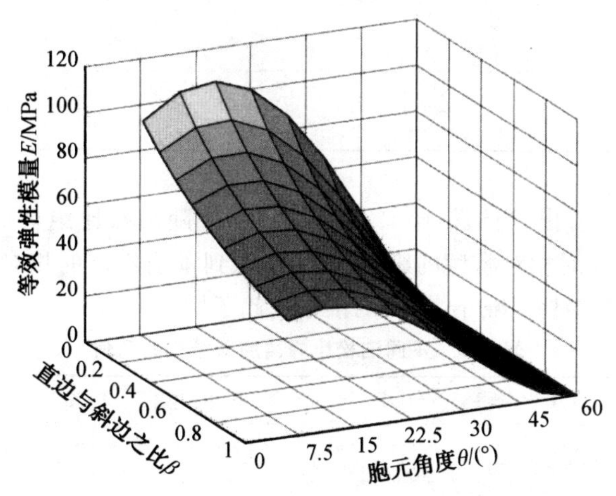

图5.30　等效弹性模量与胞元角度 θ 的关系

大多数天然材料具有正泊松比，并在受压时横截面变薄，具有负泊松比的材料在压缩下轴向拉伸时会横向膨胀。Evans等发现几何灵敏度对单元结构至关重要，许多研究已经建立了结构几何与性能之间的关系，包括单元壁纵横比和重射角的影响。张伟等研究了总厚度、芯厚比、泊松比、单元倾角和爆炸类型对内凹蜂窝板瞬态响应的贡献。现有研究表明，蜂窝壁的相对厚度和角半径在影响蜂窝结构的力学性能和泊松比方面起着重要作用。目前为止，大多数负刚度元结构和元材料是由具有相同几何参数的单元重复排列而形成的。对于给定的负刚度结构，除了所选材料外，其力学性能主要取决于结构的几何

参数，因此具有相同几何参数的单元通常具有均匀的结构性能。然而，在某些情况下，具有厚度梯度性质的结构比具有统一属性的结构更具有优势。例如，在车辆座椅的设计中，它与人体接触时具有弹性，而与交通工具的车身接触时则具有刚性，这可以改善崎岖道路上乘客的舒适性。在自然界，具有梯度力学性质的结构或材料广泛存在，如骨头和木材，其细胞数或孔隙分布具有适应复杂环境的特定梯度。人工梯度结构或材料也广泛存在，主要是通过改变材料的密度或厚度。

胞元结构不同泊松比则不同，胞元结构与对应的泊松比如表 5.2 所示。蜂窝结构胞元在 *X*、*Y* 方向的胞壁厚度相同，具有不同泊松比的蜂巢有不同的相对密度，如表 5.3 所示。

表 5.2　胞元结构与对应的泊松比

泊松比	拓扑学	泊松比	拓扑学
−3.3		0.5	
−1.6		0.7	
−1.0		1.0	
−0.7		1.6	
−0.5		3.3	
0	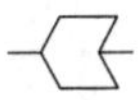		

从表 5.3 中可以看出，当泊松比<0 时，相对密度随泊松比绝对值的降低而降低，当泊松比>0 时，泊松比对相对密度的影响较小，注意到零泊松比的相对密度在负泊松比和正泊松比之间。蜂窝结构 θ 减小，结构的泊松比趋于增加。

表 5.3　不同泊松比蜂窝胞元结构的几何

泊松比	−3.3	−1.6	−1	−0.7	−0.5	0	0.5	0.7	1	1.6	3.3
									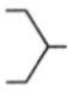	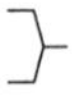	
H/mm	4.5	4.9	5.4	6.0	6.8	4.1	1.3	2.1	2.7	3.2	3.6
l/mm	2.4	2.5	2.7	3.1	3.6	2.7	3.6	3.1	2.7	2.5	2.4
θ/(°)	10	20	30	40	50	30	50	40	30	20	10
相对密度/%	0.12	0.13	0.14	0.16	0.18	0.12	0.10	0.10	0.10	0.10	0.11

第6章　结论与展望

木材是世界四大建筑材料之一，由于具有绿色、环保、生物可降解等优点一直受到人们的关注，它自身的优越性难以在短时期内被其他材料所替代。目前使用的木材大都是产自于快速丰产森或人造板材，木材自身力学性能减弱，对现有木材的深度开发利用以满足人们不断对健康、舒适、可重复使用性能的需求。因此，将点阵结构应用于木质基材料上，逐步实现材料、结构与功能性一体化的设计目标。

主要研究内容总结如下：

(1)研究了木质金字塔型点阵夹芯结构胞元的平压力学性能。建立了金字塔型点阵夹芯结构的力学模型，计算分析了平压状态下的载荷与芯子形变位移间的关系。

(2)研究生物质点阵夹芯胞元结构的力学性能，依据胞元承载能力和变形程度，进行胞元结构的优选。芯子材料、直径、面板材料和厚度对胞元承载力和吸能性都有显著影响。生物质复合材料胞元的比强度高于自然纤维材料的比强度。该研究结果为木质复合材料在大跨度坡面屋、楼面板等木结构建筑工程中应用提供了依据。

(3)研究了不同排列方式的木质金字塔型点阵夹芯结构试样的力学性能和压缩性能。采用榫卯拼接法制备预制的二维木质点阵夹芯结构，可以根据应用需要改变试件尺寸。研究结果为今后木质基网格夹层结构的体系设计提供了理论依据。

(4)将木质金字塔型点阵夹芯结构进行优化，设计了互锁木质格栅结构。有效地改善了金字塔型点阵夹芯结构在加工、安装及受力接触面积的不足。有效地提高了承载能力、压缩强度、质量载荷比等力学方面性能。

本书中所设计的金字塔型点阵夹芯结构与其自身组成材料相比，具有轻质、高强和大孔隙率的特点，互锁木质格栅结构力学性能优于金字塔型结构，但孔隙率降低和空间的连贯性都有所降低，两种结构都存在不足。因此，在今后的工作中，需要从以下几方面进行改进：

(1)适用于木质材料的点阵拓扑结构还有待进一步研究，相关技术还需要后期不断进行完善。相信随着现代科学技术的不断进步，性能更优的木质工程材料可以应用到生产实践中并得到推广。

(2)可以将点阵夹芯结构应用于生物质材料，实现减震、降噪、隔热、电磁屏蔽等多种功能，服务于人们的生产生活。

参考文献

[1] SCHAEDLER T A, CARTER W B. Architected cellular materials[J]. Annual Review of Materials Reserch, 2016,46:187-210.

[2] GIBSON L J, ASHBY M F. Cellular solids: Structure and propertie[M]. Cambridge: Cambridge University Press, 1999.

[3] LAUREN M, VICTORIA C, JULIA R G. Materials by design: Using architecture in material design to reach new property spaces[J]. Materials Research Society, 2015,40(12):1122-1129.

[4] BENEDETTI M, PLESSIS A D , RITCHIE R O ,et al. Architected cellular materials: A review on their mechanical properties towards fatigue-tolerant design and fabrication[J]. Materials Science and Engineering: R Reports, 2021 ,144(4):1-40.

[5] LATTURE R M, RODRIGUEZ R X, HOLMES L R,et al. Effects of nodal fillets and external boundaries on compressive response of an octet truss[J]. Acta Materialia, 2018, 149(1):78-87.

[6] FINNEGAN K, KOOISTRA G, WADLEY H N G,et al. The compressive response of carbon fiber composite pyramidal truss sandwich cores[J]. International Journal of Materials Research, 2007, 98(12):1264-1272.

[7] FLECK N A, DESHPANDE V S, ASHBY M F. Micro-architectured materials: past, present and future[J]. Proceedings of the Royal Society A: Mathematical, Physical and Engineering Sciences, 2010, 466(2121):2495-2516.

[8] CHRISTOPHER J R, CHRISTOPHER S R. Analytical models of the geometric properties of solid and hollow architected lattice cellular materials[J]. Journal of Materials Research, 2018, 33(3):264-273.

[9] HAYDN N G. Multifunctional periodic cellular metals[J]. Philosophical Transactions of the Royal Society A,2006,364: 31-68.

[10] HYUN S, KARLSSON A M, TORQUATO S, et al. 2003 Simulated properties of Kagome and tetragonal truss core panels[J]. International Journal of Solids Structure,2003, 40:6989-6998.

[11] WANG S, WANG J, XU Y J,et al. Compressive behavior and energy absorption of polymeric lattice structures made by additive manufacturing[J]. Frontiers of Mechanical Engineering, 2020,15(2):319-327.

[12] BAUER J, HENGSBACH S, TESARI I, et al. High-strength cellular ceramic compositeswith 3D microarchitecture[J]. PNAS,2014, 111:2453-2458

[13] ECKEL Z C, ZHOU C, MARTIN J H, et al. Additive manufacturing of polymer derived ceramics[J]. Science,2016, 351:58-62.

[14] GEORGE T, DESHPANDE V S, WADLEY H N G. Mechanical response of carbon fiber composite sandwichpanels with pyramidal truss cores[J]. Composites, Part A. Applied science and manufacturing, 2013, 47A(4):31-40.

[15] CHEUNG K C, GERSHENFELD N. Reversibly assembled cellular composite materials[J]. Science, 2013,341:1219-1221.

[16] ZHENG X, LEE H, WEISGRABER T H, et al. Ultralight, ultrastiff mechanical metamaterials[J]. Science,2014, 344:1373-1377.

[17] 王向明，苏亚东，吴斌，等. 微桁架点阵结构在飞机结构/功能集成中的应用[J]. 航空制造技术,2018,61(10):16-25.

[18] 巨型海胆仿生体系:BUGA 木质展馆[EB/OL]. (2019-05-20)[2023-12-20]. https://www.sohu.com/a/315294874_465804.

[19] 阿迪达斯 2018 年底将生产 10 万双 3D 打印[EB/OL]. (2017-04-29)[2023-12-20]. http://www.sohu.com/a/132834305_274912.

[20] QUEHEILLATL D T, MURTY Y, WADLEY H N G. Mechanical properties of an extruded pyramidal lattice truss sandwich structure[J]. Scripta Materialia, 2008,58(1):76-79.

[21] KOOISTRA G W, DESHPANDE V S, WADLEY H N G. Compressive behavior of age hardenable tetrahedral lattice truss structures made from aluminium[J]. Acta materialia, 2004,52(14):4229-4237.

[22] ZHANG G Q, MA L, WANG B. Mechanical behaviour of CFRP sandwich structures with tetrahedral lattice truss cores[J]. Composites: Part B,2012,43(2):471-476.

[23] HWANG J S, CHOI T G. Dynamic and static characteristics of polypropylene pyramidal kagome structures[J]. Composite Structures,2015,131(11):17-24.

[24] MILCH J, TIPPNER J, SEBERA V, et al. The numerical assessment of a full-scale historical truss structure reconstructed with use of traditional all-wooden joints [J]. Journal of Cultural Heritage, 2016, 21(9):759-766.

[25] BARRETO A M J P, CAMPILHO R D S G, MOURA M F S F D, et al. Repair of wood trusses loaded in tension with adhesively bonded carbon-epoxy patches[J]. Journal of Adhesion, 2010, 86(5):630-648.

[26] JIN M, HU Y, WANG B. Compressive and bending behaviours of wood-based two-dimensional lattice truss core sandwich structures [J]. Composite Structures, 2015, 124(0):337-344.

[27] KLIMEK P, WIMMER R, BRABEC M, et al. Novel sandwich panel with interlocking plywood kagome lattice core and grooved particleboard facings[J]. BioResources,2016,11(1):195-208.

[28] HAO M R,HU Y C, WANG B. Mechanical behavior of natural fiber based isogrid lattice cylinder [J]. Composite Structures, 2017, 176(0):117-123.

[29] LI S, QIN J K, LI C C, et al. Optimization and compressive behavior of composite 2-D lattice structure[J]. Mechanics of Advanced materials and structures,2018,27 (14): 1213-1222.

[30] QIN J K, ZHENG T T, LI S, et al. Core configuration and panel reinforcement affect compression properties of wood- based 2-D straight column lattice truss sandwich structure[J]. European Journal of Wood and Wood Products, 2019, 77 (4): 539-546.

[31] 李曙光，胡英成. 木质基点阵夹层结构连接方式的优化[J]. 西北林学院学报，2019，34(5): 225-230.

[32] WANG L F, HU Y C, ZHANG X C, et al. Design and compressive behavior of a wood based pyramidal lattice core sandwich structure [J]. European Journal of Building Engineering, 2020,78(1): 123-134.

[33] ZHENG T T, YANG H Z, LI S, et al. Compressive behavior and failure modes of the wood based double X type lattice sandwich structure [J]. Nanjing Forestry University, 2020,30:1-10.

[34] LOU Z H. The study on technics of glued hollow column and CFRP reinforcement performance [D]. Nanjing: NanjingForestryUniversity, 2014.

[35] BRANDNER R, DIETSCH P, DRÖSCHER J, et al. Cross laminated timber (CLT) diaphragms under shear: Test configuration, properties and design[J]. Construction and Building Materials,2017,147:312-327.

[36] DAHY H. Biocomposite materials based on annual natural fibres and biopolymers—Design, fabrication and customized applications in architecture[J]. Construction and Building Materials,2017,147:212-220.

[37] 范华林,杨卫. 轻质高强点阵材料及其力学性能研究进展[J]. 力学进展,2007,37(1):99-112.

[38] DESHPANDE V S, ASHBY M F, FLECK N A. Foam topology bending versus stretching dominated architectuRES[J]. Acta materialia, 2001,49(10):1035-1040.

[39] EVANS A G, HUTCHINSON J W, FLECK N A, et al. The topological design of multifunctional cellular metals[J]. Progress in Materials Science, 2001, 50(3): 309-327.

[40] DESHPANDE V S, FLECK N A, ASHBY M F. Effective properties of the octet-truss lattice material[J]. Journal of the Mechanics and Physics of Solids,2001,49 (8):1747-1769.

[41] WALLACH J C, GIBSON L J. Mechanical behavior of a three-dimensional truss material[J]. International Journal of Solids and Structures, 2001,38:7181-7196.

[42] 吴志林,熊健,马力，等. 新型复合材料点阵结构的研究进展 [J]. 力学进展,2012,42

(I):41-67.

[43] 华云龙，余同希.多胞材料的力学行为[J].力学与实践,1991,21(4):457-469.

[44] 余同希.关于“多胞材料”和“点阵材料”的一点意见[J].力学与实践，2005,27(3):90.

[45] LI M，WU L Z，MA L，et al. Torsion of carbon fiber composite pyramidal core sandwich plates[J]. Composite Structures，2011(93):2358-2367.

[46] 江京辉,于争争,赵丽媛，等.低温环境下桦木顺纹抗压强度的研究[J].林业工程学报,2017,2(4):30-33.

[47] 程瑞香,顾继友.落叶松木材 API 胶粘剂弦径面胶接强度的差异[J].林业科学，2004,40(4):157-161.

[48] 文嘉.“32 mm 系统”的应用[J].家具，1992(65)：22-24.

[49] 夹层结构或圆棒榫平压性能试验方法:GB/T 1453—2005[S].北京:中国标准出版社,2005.

[50] 夹层结构或芯子剪切性能试验方法:GB/T 1455—2005[S].北京:中国标准出版社，2005.

[51] 夹层结构侧压性能试验方法:GB/T 1454—2005[S].北京:中国标准出版社,2005.

[52] YANG J S，MA L，SCHMIDT R,et al. Hybrid lightweight composite pyramidal truss sandwich panels with high damping and stiffness efficiency[J]. Composite Structures，2016，148(7):85-96.

[53] JIANG W C，YANG B，GUAN X W. et al. Bending and twisting springback prediction in the punching of the core for a lattice truss sandwich structure[J]. Acta Metallurgica Sinica,2013,26(6):241-246.

[54] SCHAEDLER T A，CHAN L J，CLOUGH E C，et al. Nanocrystalline aluminum truss cores for lightweight sandwich structures[J]. JOM，2017,69(12):2626-2634.

[55] ZHANG G，WANG B，MA L,et al. The residual compressive strength of impact-damaged sandwich structures with pyramidal truss cores[J]. Composite Structures，2013，105(11):188-198.

[56] MOHAMMADI M S，NAIRN J A. Crack propagation and fracture toughness of solid balsa used for cores of sandwich composites[J]. Journal of Sandwich Structures & Materials,2014,16:22-41.

[57] DIMITROV N，BERGGREEN C. Probabilistic fatigue life of balsa cored sandwich composites subjected to transverse shear[J]. Journal of Sandwich Structures & Materials，2015,17:562-577.

[58] BRANDNER R，DIETSCH P，DRSCHER J，et al. Cross laminated timber (CLT) diaphragms under shear：Test configuration，properties and design[J]. Construction and Building Materials，2017，147:312-327.

[59] DAHY H. Biocomposite materials based on annual natural fibres and biopolymers-

design, fabrication and customized applications in architecture[J]. Construction and Building Materials, 2017, 147:212-220.

[60] MEI Q, PAAVO P, LIISA T. et al. Experts' assessment of the development of wood framed houses in China[J]. Journal of Cleaner Production, 2012, 31: 100-105.

[61] RUTKEVI ČIUS M. Fabrication of novel lightweight composites by a hydrogel-templating technique[J]. Mater. Res. Bull,2012, 47:980-986.

[62] YANG D X, HU Y C, FAN C S. Compression behaviors of wood based lattice sandwich structures[J]. Bioresources, 2018, 13(3): 6577-6890.

[63] LOU W L, REN H Q, JIANG J H, et al. Effects of major defects on dimensional larch lumber visual grading[J]. China Wood Industry,2010(2):1-4.

[64] JIANG J H, LV J X, REN H Q. Study on Characteristic values for strength properties of Chinese larch dimension lumber[J]. Journal of Building Materials, 2012, 15(3):361-365.

[65] ZHOU Z F, BI K X, ZHANG X S, et al. Effects of cross section loading mode and finger joint type on the bending property of larch structural finger jointed lumber in large dimension[J]. Scientia Silvase Sinicase. 2016,52(3): 82-89.

[66] REN H Q, GUO W, YIN Y F. Machine Grading of lumber in North America[J]. World Forestry Research,2006,19(3):66-70.

[67] JIAN X, DU Y, YANG W, et al. Research progress on design and mechanical properties of lightweight composite sandwich structures[J]. Journal of Astronaut, 2020, 41:749-760.

[68] PACHECO-TORGAL F, LABRINCHA J A. Biotechnologies and bioinspired materials for the construction industry: An overview[J]. International Journal of Sustainable Engineering,2014, 7(3): 235-244.

[69] Al-OBAIDI K M, ISMAIL M A, HUSSEIN H, et al. Biomimetic building skins: An adaptive approach[J]. Renewable and Sustainable Energy Reviews, 2017(79): 1472-1491.

[70] KRAUSMANN F, GINGRICH S, EISENMENGER N, et al. Growth in global materials use, GDP and population during the 20th century[J]. Ecological Economics, 2009, 68(10): 2696-2705.

[71] AHAMED M K, WANG H, HAZELL P J. From biology to biomimicry: Using nature to build better structures—A review[J]. Construction and Building Materials, 2022, 320(7): 126195.

[72] ASHBY M F, BRECHET Y J M. Designing hybrid materials[J]. Acta Materialia, 2003, 51(19): 5801-5821.

[73] GIBSON L J, ASHBY M F. Cellular solids-structure and properties[M]. Cambridge: Cambridge University Press, 1999.

[74] SCHAEDLER T A, CARTER W B. Architected cellular materials[J]. Annual Review of Materials Research, 2016, 46(1): 187-210.

[75] WU L Z, PAN S D. Survey of design and manufacturing of sandwich structures [J]. Materials China, 2009, 28: 40-45.

[76] WU L Z, XIONG J, MA L, et al. Integrated design of lightweight multifunctional sandwich structure[J]. Mechanics in Engineering, 2012, 34: 8-18.

[77] BIRMAN V, KARDOMATEAS G A. Review of current trends in research and applications of sandwich structures[J]. Compos. Part B Eng. , 2018, 142: 221-240.

[78] JIN M M, HU Y C, WANG B. Compressive and bending behaviors of wood based two dimensional lattice truss core sandwich structures[J]. Composite Structures, 2015, 124: 337-344.

[79] LI S, QIN J K, LI C, et al. Optimization and compressive behavior of composite 2-D lattice structure[J]. Mechanics of Advanced Materials and Structures, 2018, 27(14): 1213-1222.

[80] LI S, QIN J K, WANG B, et al. Design and compressive behavior of a photosensitive resin-based 2-D lattice structure with variable cross-section core[J]. Polymers, 2019, 11(1): 186.

[81] QIN J K, ZHENG T T, LI S, et al. Core configuration and panel reinforcement affect compression properties of wood- based 2-D straight column lattice truss sandwich structure[J]. European Journal of Wood and Wood Products, 2019, 77 (4): 539-546.

[82] ZHENG T T, YAN H Z, LI S, et al. Compressive behavior and failure modes of the wood based double X type lattice sandwich structure[J]. Journal of Building Engineering, 2020, 30: 1-10.

[83] ZHENG T T, LI S, XU Q Y, et al. Core and panel types affect the mechanical properties and failure modes of the wood based XX type lattice sandwich structure [J]. European Journal of Wood and Wood Products, 2021, 79(4): 1-16.

[84] ZOU LX, ZHENG T T, LI S, et al. Compression behaviour of the wood-based X-type lattice sandwich structure[J]. European Journal of Wood and Wood Products, 2021, 79(14): 139-150.

[85] YANG D X, FAN C S, HU Y C. Optimization and mechanical properties of fabricated 2D wood pyramid lattice sandwich structure[J]. Forests, 2021, 12(5): 607.

[86] YANG D X, HU Y C, FAN C S. Compression behaviors of wood-based lattice sandwich structure[J]. Bioresources, 2018, 13(3): 6577-6590.

[87] CHENG X, ZHANG X, ZHANG Q, et al. Research on bending properties of Birch Plywood Treated by Liquefied Nitrogen[J]. J. For. Eng. , 2009, 23: 52-55.

[88] HAO M R, HU Y C, WANG B, et al. Mechanical behavior of natural fiber-based

isogrid lattice cylinder[J]. Compos. Struct., 2017, 176: 117-123.
[89] SMARDZEWSKI J, MASLEJ M, WOJCIECHOWSKI K W. Compression and low velocity impact response of wood based sandwich panels with auxetic lattice core[J]. European Journal of Wood and Wood Products, 2021, 79(4): 797-810.
[90] HAO J X, WU X F, OPORTO-VELASQUEZ G, et al. Compression properties and prediction of wood based sandwich panels with a Nove Taiji Honeycomb Core [J]. Forests, 2020, 11(8):886.
[91] KRZYSZTOF P, JERZY S. Bending behavior of lightweight wood-based sandwich beams with Auxetic Cellular Core[J]. Polymer, 2020, 12(8): 1723.
[92] WEN J. The application of "32mm system"[J]. Furniture, 1992, 65: 22-24.
[93] HU M, LIU C, LI W. Mechanical behavior of OSB under different loading speeds in the three point bending method. Packag[J]. Eng., 2019, 40: 90-95.
[94] WU L, XIONG J, MA L, et al. Processes in the study on novel composite sandwich panels with lattice truss cores[J]. Adv. Mech., 2012, 42: 41-67.
[95] KLÍMEK P, WIMMER R, BRABEC M, et al. Novel sandwich panel with interlocking plywood kagome lattice core and grooved particleboard facings[J]. BioResources, 2016, 11(1): 195-208.
[96] ZUHRI M Y M, GUAN Z W, CANTWELL W J. The mechanical properties of natural fibre based honeycomb core materials[J]. Compos. Part B, 2014, 58: 1-9.
[97] WANG L F, HU Y C, ZHANG X C, et al. Design and compressive behavior of a wood based pyramidal lattice core sandwich structure[J]. Eur. J. Wood Wood Prod., 2020, 78(1): 123-134.
[98] CHEN Z, YAN N, SAM-BREW S, et al. Investigation of mechanical properties of sandwich panels made of paper honeycomb core and wood composite skins by experimental testing and finite element modelling methods[J]. Eur. J. Wood Wood Prod., 2014, 72(3): 311-319.
[99] SMARDZEWSKI J. Experimental and numerical analysis of wooden sandwich panels with an auxetic core and oval cells[J]. Materials & Design, 2019, 183(12): 108159. https://doi.org/10.1016/j.matdes.2019.108159.
[100] 李响,童冠,周幼辉.超轻多孔"类蜂窝"夹层结构材料设计方法研究综述[J].河北科技大学学报,2015,36(1):16-22.
[101] CHANG Q, FENG J, SHU Y. Advanced honeycomb designs for improving mechanical properties:A review[J]. Composites Part B,2021,227(15):171-221.
[102] 卫禹辰,黄春阳,袁梦琦.高应变率下三种典型蜂窝结构力学特性及参数优化研究[J].中国科学基金,2022,25(3):725-734.
[103] 李响,王阳,童冠,等.四边简支新型类方形蜂窝夹层结构振动特性研究[J].工程设计学报,2018,25(6):725-734.
[104] 张剑军,刘建军,韩笑.蜂窝夹层结构复合材料及其研究进展[J].化工新型材料,

2021,49(12):253-258.

[105] 富明慧,徐欧腾,陈誉.蜂窝芯层等效参数研究综述[J].材料导报,2015,29(3):127-134.

[106] EVANS K E. Endeavour[J]. New Ser.,1991,15:170-174.

[107] 李响.承载夹层复合材料的轻量化设计[D].武汉:武汉大学,2011.

[108] WARREN W E, KRAYNIK A M. Foam mechanics: The linear elastic respose of two dimensional spatially periodic cellular materials[J]. Mechanics of Materials, 1987,6(1): 27-37.

[109] HA N S, LU G X. A review of recent research on bio-inspired structures and materials for energy absorption applications[J]. Composites Part B: Engineering, 2020,181(15): 1-38.

[110] ZHONG R, REN X, ZHANG X Y, et al. Mechanical properties of concrete composites with auxetic single and layered honeycomb structures[J]. Construction and Building Materials, 2022, 322(5): 187-210.

[111] ZUHRI M Y M, SAPUAN S M, ISHAK M R, et al. Potential of natural fiber reinforced polymer composites in sandwich structures: A review on its mechanical properties[J]. Polymers, 2021, 13(3): 423-430.

[112] SCHAEDLER T A, CARTER W M. Architected cellular materials[J]. Annual Review of Materials Research, 2016, 46(1): 187-210.

[113] WANG Z G. Recent advances in nover metallic honeycomb structure[J]. Composites Part B: Engineering, 2019, 166(1): 731-741.

[114] 赵峻宏,朱世范. 3D打印蜂窝结构在临时性建筑中的力学性能分析[J].哈尔滨工业大学学报, 2020, 52(12): 98-104.

[115] 袁敏,徐峰祥,龚铭远.梯度厚度负泊松比蜂窝材料面内冲击特性[J].塑料工程学报, 2021,28(6):192-199.

[116] SUN G Y, CHEN D D, ZHU G H, et al. Lightweight hybrid materials and structures for energy absorption: A state of the art review and outlook[J]. Thin Walled Structures,2022,172(5): 332-400.

[117] ZHANG Q C, YANG Y H, LI P, et al. Bioinspired engineering of honeycomb structure using nature to inspire human innovation[J]. Progress in Materials Science, 2015, 74(8): 332-400.

[118] ZHANG J J, LIU J J, HAN X. Honeycomb sandwich composite and research progress[J]. New Chemical Materials, 2021, 49(12): 253-258.

[119] FENG Y F, QIU H, GAO Y C, et al. Creative design for sandwich structures: A review[J]. International Journal of Advanced Robotic Systems,2020, 17(3): 1-24.

[120] REN X, DAS R, TRAN P, et al. Auxetic metamaterials and structures: A review[J]. Smart Materials and Structures, 2018, 1(24): 1-73.

[121] XU M C, LIU D, WANG P D, et al. In plane compression behavior of hybrid honeycomb metastructures: Theoretical and experimental studies[J]. Aerospace Science and Technology, 2020, 106(081): 1-10.

[122] LUO Y, YUAN K, SHEN L M, et al. Sandwich panel with in-plane honeycombs in different Poisson's ratio under low to medium impact loads[J]. Reviews on Advanced Materials Science, 2021, 14(6):145-157.

[123] GONG X B, REN C W, LIU Y H, et al. Impact response of the honeycomb sandwich structure with different poisson's ration[J]. Materials, 2022, 15(19): 1-14.

[124] LIU W Y, ZHANG Y L, GUO Z Q, et al. Analyzing in-plane mechanics of a novel honeycomb structure with zero Poisson's ratio[J]. Thin Walled Structures, 2023, 192(8): 1-12.

[125] LIRA C, SCARPA F. Transverse shear stiffness of thickness gradient honeycombs[J]. Composites Science and Technology, 2010,70(6): 930-936.

[126] BROCCOLO S D, LAURENZI S, SCARPA F. AUXHEX—A Kirigami inspired zero Poisson's ratio cellular structure[J]. Compos. Struct. , 2017,176:433-441.

[127] ZHENG B B, LIU F M, HU L L, et al. An auxetic honeycomb structure with series coneected parallograms[J]. International Journal of Mechanical Sciences, 2019,161-162(7): 1-10.

[128] JIANG W, REN X, WANG S L, et al. Manufacturing, characteristics and applications of auxetic foams: A state of the art review[J]. Composites Part B: Engineering, 2022, 235(5): 1-10.

[129] GIBSON L J, ASHBY M F, SCHAJER G S, et al. The mechanics of two-dimensional cellular materials[J]. Proceedings of the Royal Society A, 1982, 382(1782): 25-42.

[130] 郭亚鑫,袁梦琦,钱新明,等. 内凹型蜂窝结构在冲击载荷作用下的力学行为及响应特性研究[J]. 中国安全生产科学技术, 2019, 15(12): 5-10.

[131] EVANS A G, HUTCHINSON J W, ASHBY M F. Multifunctionality of cellular metalsystems[J]. Progress in Materials Science, 1998, 43(3): 171-221.

[132] 张伟. 三维负泊松比多胞结构的轴向压缩性能研究[D]. 大连:大连理工大学, 2015.

[133] HUANG J, LIU W, TANG A. Effects of fine-scale features on the elastic properties of zero Poisson's ratio honeycombs[J]. Materials Science and Engineering B, 2018, 236: 95-103.

[134] CHEN S, TANX J, HU J Q, et al. A novel gradient negative stiffness honeycomb for recoverable energy absorption[J]. Composites Part B: Engineering, 2021, 215(6): 1-12.